主要农作物病虫草害防治技术答疑

任寿美　徐优良　殷　平　主编

中国农业出版社

内容提要

本书分上、下两篇。上篇介绍了病虫草害的基础知识、防治原理、防治方法、农药的识别、农药的使用、药害的预防与补救等，共3章。下篇汇集了小麦、水稻、油菜、花生4种主要农作物常见病虫草害的症状识别、发生与为害特点、发生原因、防治方法等，共4章。编者以植物保护学科的理论为基础，将多年一线工作的实践经验和农民朋友在防病治虫过程中反映的热点、难点问题，以500多条问题的形式提出，用通俗易懂的语言进行回答，深入浅出，简明实用。既解释什么是病虫草害，什么条件下易发生病虫草害，又讲明了病虫草害怎样防治，为什么要这样防治的道理。本书针对性、适用性、操作性和可读性强，可作为普及推广农作物病虫草害综合防治技术的大众读物，又可作为基层农业科技工作者、农村基层干部、农药营销人员、农民合作组织和种植户阅读、借鉴和学习应用的参考书。

总策划　张建新　王迎春

编　审　王永龙

主　编　任寿美　徐优良　殷　平

副主编　包志军　蔡宏芹　张爱华　卜　锋
　　　　　刘国华　王中信

参加编写人员（按姓名笔画为序）

卜　锋　王中信　尹必东　叶华斌

印家泉　包志军　朱小彬　任寿美

刘　芬　刘国华　孙继生　李文清

张秋萍　张爱华　张喜武　陈建泉

段小林　袁鸣凤　顾正国　顾国庆

钱玉平　钱慧云　徐优良　徐志斌

徐爱琴　殷　平　戴　澈

序一

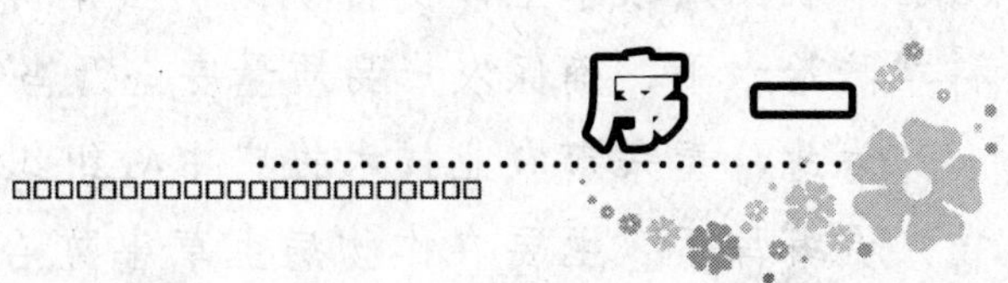

民以食为天，食以安为先。随着人们生活需求的不断提高，农产品由单纯追求产量、效益逐步转向“高产、优质、高效、生态、安全”并重发展的新阶段。农作物病虫草害防治作为一项重要的保产措施，在近几年病虫草持续多发、重发的情况下，其内容、任务也应与时俱进，既要有效地控制病虫草的发生危害，保证粮食高产稳产，又要有效控制化学农药对生态环境及农产品的污染，保证农产品的质量和环境安全。因此，科学开展病虫草害综合防治工作是确保农产品生产安全和农业可持续发展的重要举措。

近年来，各级植保技术部门，针对病虫草频发、重发的新特点，认真贯彻“预防为主，综合防治”的植保方针，不断研究和推广病虫草害综合防治新技术，为“虫口夺粮”发挥了重要作用。但是，由于气候变化，新作物种植、新种植方式的实施，一些地区、一些作物上病虫草害综合防治技术的普及率和到位率还相对较低，农民的病虫防治技术水平也有待提高，依赖于采用化学农药进行防治的现象有待于从根本上予以改变。因此，在传统农业逐步向现代农业转型时期，如何想方设法引导农民从根本上改变传统的病虫草防治理念，提高科学防治水平，确保农产品质量安全乃当务之急。

为此，泰兴市农业技术推广中心组织植保一线的科技人员编写了《主要农作物病虫草害防治技术答疑》一书，以问答的形式、通俗的语言，详细介绍了病虫草害发生的基础知识、防治的基本原理及具体的防治方法，既有系统的基础理论，又汇集了近年来防治实践中积累的新经验、新技术。该书内容翔实，针对性、适用性、操作性和可读性强。既是基层农技人员、农民朋友防病治虫的工具书，又是指导农民防病治虫的“指导员”。该书的出版将有助于提高病虫害防治新技术的普及率和到位率，为农业生产的可持续发展发挥保驾护航的作用。

江苏省植物保护站站长　于春友

序二

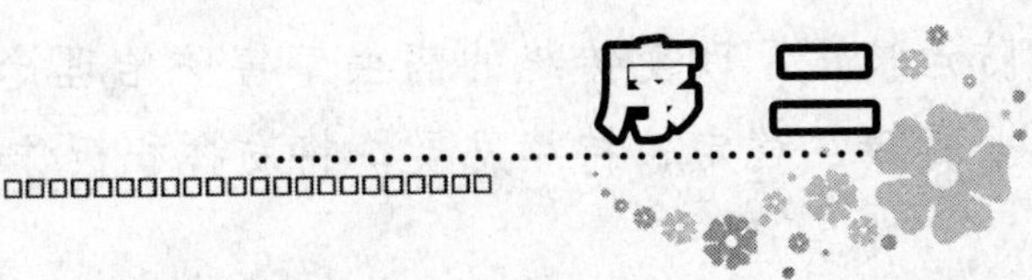

随着现代农业发展不断深入，农业生产条件不断改善，农业技术不断进步，粮食生产连续多年获得了丰收。但由于气候条件变化、种植制度调整、生态环境改变等因素影响，农作物病虫草发生复杂多变，为害日趋严重。因此，迫切需要加大病虫草害防治技术的宣传和推广力度，引导广大农民应用病虫草害综合防治技术，保护农田生态环境，提高种田效益，实现农业生产和病虫草害防治技术的可持续发展。为此，市农业技术推广中心组织有多年从事植保工作经验的专业技术人员，编写了《主要农作物病虫草害防治技术答疑》一书，旨在宣传普及病虫草害综合防控技术，加大绿色植保技术的推广，指导农民科学、合理使用农药，提高病虫草害防治效果，控制农药残留量，降低防治成本，减少农田污染，提高农产品市场竞争力。

该书的编写凝聚了植保专业技术人员的智慧和汗水，在借鉴前人研究成果的基础上，归纳总结了近年来病虫草害防治工作经验和农民朋友在防病治虫过程中反映的热点、难点问题，以问答的形式，通俗易懂的语言进行了深入浅出的答疑。该书的出版，对提高基层农业科技人员业务水平，普及推广主要农作物病虫草害综合防治技术，改变传统的病虫草害防治理念，推进现代农业健康、稳定、持续发展，将发挥积极作用。

江苏省泰兴市农业委员会主任 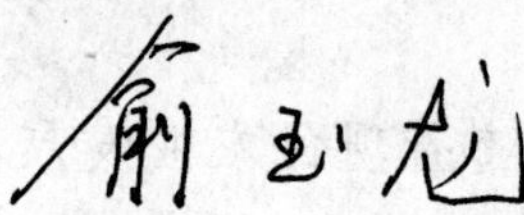

前言

农作物病虫草害因受气候、种植制度、栽培方式、生态环境和品种抗病虫性差异等因素的综合影响，目前已进入新的高发周期，病虫发生总体趋势表现为病虫害种类多、发生面积大、为害损失重、病虫抗药性增强、害虫演替发生规律复杂，一些次要病虫上升为主要病虫，严重威胁着粮食的安全生产。为此，广大植保科技人员针对病虫发生的新情况、新问题、新特点，研究推广了一系列综合防治措施，取得了显著成效，各种病虫害均得到了有效控制。但是，目前病虫害控制大多存在“应急防治为多、化学防治为主”的问题，农业防治、生物防治等综合防治措施还没有真正被农民接受，即使在化学防治过程中，仍存在方法不当、时间不准、药剂不对等现象，习惯于见病就防、见虫就打，造成农药对环境的污染，极大地影响了粮食生产和食品安全。随着人们对生活质量要求的提高和环境保护意识的日益增强，病虫害防治作为一项保产措施，不仅对防治技术提出了更高更新的要求，也对新技术的宣传、推广提出了更加具体的要求，真正使病虫害防治形成生态安全、环境友好、持续健康的良好氛围。由此可见，提高综合防治技术普及率和到位率，引导农民全面科学开展病虫害综合防治显得尤为重要。

为了切实提高病虫草害综合防治水平，从根本上改变农民传统的病虫草害防治理念，我们组织编写了《主要农作物病虫草害防治技术答疑》一书，以实用、实效为原则，以植物保护学科的理论为基础，根据多年一线的实践经验和农民朋友在防病、治虫、除草过程中反映的热点、难点问题，综合病虫发生的新特点、防控的新技术，以500多条问答的形式，系统介绍了病虫草害的基础知识、防治原理、农药使用基本知识及主要农作物常见病虫草的发生特点、症状识别、发生原因、防治方法等，既解释了什么是病虫草害，为什么会发生，又讲明了病虫草害怎样防治，为什么要这样防治的道理。本书注重可读性和实用性，便于农民朋友和基层植保人员查阅使用。

本书力图将病虫草害最新的防控技术介绍给广大基层农技人员和农民朋友，但科学技术飞速发展，各种知识、技术更新频繁，书中部分内容难免过时，同时，为了追求实用，也难免有一些简单。本书着重介绍了当地主要农作物常发生的病虫草害，其他病虫害未作介绍，敬请谅解。

本书在编写过程中，参考了有关书籍和科技资料。初稿形成后，泰兴市农业技术推广中心副主任、农业推广研究员王永龙同志进行了修改，江苏省植物保护站站长刁春友、泰兴市农业委员会主任俞玉龙为本书作序，在此一并深表谢意。由于编者水平有限，书中错误、疏漏之处在所难免，敬请读者、同行批评指正。

编　者

2011年3月

目录

上篇　总　论

目　录

下篇　各　论

上篇 总 论

第一章 基础知识

第一节 病 害

1. 何谓作物病害?

作物病害是指在一定生态环境中，由于生物或非生物因素的侵袭，作物在生理上、组织上、形状上发生一系列病理变化，脱离了正常生长发育状态，表现出各种不正常的特征，从而降低了被人类利用的价值。

2. 引起作物发病的生物因素有哪些?

引起作物发病的生物因素称为病原物，主要有真菌、细菌、病毒、类病毒、类菌原体、类立克次体、线虫和少数寄生性种子植物。

3. 引起作物发病的非生物因素有哪些?

引起作物发病的非生物因素主要有温度、水分、光照、营养元素、有毒物质、农药及化肥等。

4. 生物因素可引起哪些病害?

作物在一定的环境条件下，由病原生物因素侵染而引起的病害统称为侵染性病害或传染性病害。主要包括由病原真菌侵染引起的真菌病害，如小麦纹枯病、小麦赤霉病、小麦白粉病、水稻纹枯病、水稻稻瘟病、水稻恶苗病、油菜菌核病等；由病原细菌侵染引起的细菌病害，如水稻基腐病、水稻白叶枯病等；由病原病毒侵染引起的病毒病害，如水稻条纹叶枯病、水稻黑条矮缩病、小麦梭条斑花叶病等；由植物线虫侵染引起的线虫病害，如小麦孢囊线虫病、水稻干尖线虫病等；由寄生植物为害引起的寄生性植物病害，如大豆菟丝子病。

5. 非生物因素可引起哪些病害?

由不适宜于甚至有害于作物生长发育的非生物因素引起的病害统称非侵染性病害，也叫非传染性病害或生理性病害。这类病害常见的有：营养元素失调的缺素症；水分不足或过量所引起的旱害和涝害；低温所致的冻害、寒害和高温所致的逼熟及日灼病；化肥、农药使用不合理和工厂排出废水、废气所造成的肥害、药害和毒害等。

6. 侵染性病害的发生与非侵染性病害的发生有关系吗?

侵染性病害和非侵染性病害虽属两类性质完全不同的病害，但有很密切的关系。作物在不良环境条件影响下发生非侵染性病害，作物生长发育不良，削弱了对病原物的抵抗力，为病原物侵入或病害流行创造了有利条件。反之，作物感染侵染性病害后，也会降低其对不良环境条件的抵抗力，而易于发生非侵染性病害。因此，在人类生产活动中，应运用现代科学技术，利用和改造自然条件，积极创造有利于作物生长发育而不利于病原物生存和致病的生产条件，以控制病害的发生。

7. 暴风雨、冰雹或农事操作对作物造成的损伤是不是病害?

由暴风雨、冰雹或农事操作对作物造成的损伤称为伤害。这些损害通常都不称为病害，但这些伤害往往会削弱作物的生长势，造成的一些伤口会成为病原物侵入作物的门户，并会诱发病害的严重发生。如水稻白叶枯病常在暴风雨后容易流行，就是由于暴风雨造成大量的伤口，有利于病原菌侵入的缘故。

8. 什么是作物病害的症状?

作物病害的症状是指作物受病原物或不良环境因素的侵扰后，内部的生理活动和外观的生长发育所显示的某种异常状态。作物病害的症状由病状和病征两部分构成。病状是指作物受病后本身所表现的反常状态，病征是指引起作物发病的病原物在病部表面所构成的特征。

9. 病害都具有病状和病征吗?

病害不一定都具有病状和病征。对于大多数由真菌或细菌引起的病害，既有病状，又有明显的病征。而对于由病毒和类菌原体引起的病害，病状明显，却没有病征。植物线虫多数在植物体内寄生，在一般情况下植物体外也无病征。非侵染性病害是由不适宜的非生物因素引起的，所以也无病征。

10. 作物病害的病状有哪几种?

作物病害的常见病状归纳起来有五大类，即变色、坏死、萎蔫、腐烂和畸形。

(1) 变色　作物患病后局部或全株失去正常的绿色。如叶绿素受抑制或破坏，出现褪绿和黄化；花青素形成过盛，叶片变红或紫红，呈现红叶；有的叶片黄绿相间，呈现花叶等。

（2）坏死 作物的细胞组织或器官受到破坏而死亡。作物发病后最常见的坏死是病斑。病斑可以发生在作物的根、茎、果实等多个部位。有褐斑、黑斑、灰斑、白斑、紫斑等，以褐斑较多。形状有圆形、椭圆形、梭形、多角形及不规则形等。

（3）腐烂 作物病组织细胞受到破坏和消解，水分流出而腐烂。如根腐、茎腐、果腐和穗腐等。

（4）萎蔫 作物全部枝叶或部分枝叶出现失水状态而凋萎下垂。可分为生理性萎蔫和病理性萎蔫。生理性萎蔫是由于土壤中缺水或高温时过分的蒸腾作用，而使植物叶片、顶部嫩茎失去膨压而表现萎垂，若及时供水，植株可以恢复正常；病理性萎蔫是指植物的根或茎的维管束组织受病原物侵害，大量菌体堵塞导管或产生毒素，阻碍和影响水分输送，引起叶片凋萎、枯黄，造成黄萎、枯萎，或植物迅速萎蔫而叶片仍呈绿色的称为青枯，这种萎蔫大多不能恢复，甚至导致植物死亡。

（5）畸形 作物病组织或细胞生长受阻或过度增生而造成形态异常。常见的有：全株节间缩短、分蘖增多，病株比健株矮小，称矮缩，如水稻普通矮缩病等；作物病株比健株生长得特别细长，称徒长，如水稻恶苗病等；局部病组织细胞发育不平衡，常见于叶面上高低不平的，称皱缩；作物根、茎或叶片上形成突起的增生组织，称疣肿，如玉米疣黑粉病等。

11. 作物病害的病征有哪几种?

病原物在病部表面所构成的特征主要有以下六种：

（1）霉状物 作物病部形成的各种棉絮状、毛绒状霉层，其颜色、质地和结构变化较大，是各种真菌病害的常见病征。如霜霉、绵霉、青霉、灰霉、黑霉和赤霉等。

（2）粉状物 作物病部表面形成疱状突起，破裂后散出白色或铁锈色的粉状物，是白粉病和各种锈病的病征。

（3）粒状物 作物病部产生的颗粒状物，其大小、形状及在寄主表面的着生情况差异较大，有的在不同成熟时期颜色也有较大差异，是各种真菌病害的常见病征，如一些真菌的子囊果或分生孢子果。

（4）脓状物 作物病部在湿度较大时产生胶黏状、似露珠的白色或黄色脓状物，即菌脓，干燥后形成薄膜或胶粒，这是细菌病害特有的病征。

（5）索状物 作物的根部表面产生紫色或深色的菌丝索，即真菌的根状菌索。

（6）伞状物 病原真菌在作物病部产生伞状物，如果树根朽病及桃木腐病分别在果树根颈部或枝干上产生蘑菇或马蹄状的物质。

12. 如何区分侵染性病害与非侵染性病害？

在田间区分侵染性与非侵染性病害时，主要是看田间有无发病中心、病部有无病征等。侵染性病害在田间常分散发生，除病毒病、线虫病外，一般都有病征，而且有明显的发病中心。非侵染性病害在田间的分布一般比较均匀，而且成片发生，没有病征，也没有发病中心。

13. 真菌病害与细菌病害如何区分？

真菌病害与细菌病害从病状上很难区分，它们都有坏死、腐烂、萎蔫、畸形等相似病状。只有从被害作物病部所表现的不同病征来加以区分。真菌病害在被害作物病部可以看到明显的霉状物、粉状物、粒状物等病征，病征实际是真菌子实体的形态结构，是区分真菌病害的重要标志；细菌病害在湿度大时可在病部出现大小不同的黄色或白色滴状菌脓，是细菌病害特有的病征，干燥后呈水珠状、不规则粒状或发亮的薄膜。由于受发病时期和条件的限制，如果病征不明显时，可继续观察田间病害发生情况，同时也可将病样采回实验室，用清水冲洗干净后保湿使病征充分表现，再进行鉴定。对于一些特殊症状的病害，如由细菌引起的青枯病，可进行解剖检查，观察病株组织是否有特殊的病状表现，如维管束变色情况等进行诊断。

14. 病毒病在田间如何诊断？

对于由病毒或类病毒引起的病害，由于没有真菌和细菌病害那样的病征，所以诊断起来相对比较困难，特别容易与非侵染性病害相混淆，但可通过田间观察发病中心的有无、发病速度的快慢、品种间有无差异以及有无昆虫传播媒介等方面进行初步诊断。病毒病在田间一般有发病中心，发病速度较快，品种间发病差异比较明显，而且可以查见媒介昆虫。病毒病从外部病状上观察也有所不同，病状往往是全株性的，病状表现首先是从植株分枝的顶端开始，然后在其他部位出现，这也是与非侵染性病害的差别。病毒病的主要表现有：变色，如黄化、花叶；组织坏死，表现在叶、生长点、果实、种子等部位；畸形，即肿瘤、皱缩、矮化、蕨叶、卷叶及丛枝等。

15. 线虫病害有何症状？

线虫病害由于线虫多在土壤中活动并多寄生于根部、地下茎，因此，最常见的症状是植株衰弱、色泽失常的缺肥状和萎蔫的失水状。线虫在寄主上以吻针吸食、移动，由于机械创伤和唾液的破坏作用，可出现坏死，如叶枯、顶芽和花芽坏死；畸形，如肿瘤、根结、卷叶、分枝及叶瘿、种瘿；腐烂，如多汁的地下根茎由于中胶层的溶解或伤口细菌侵染而形成等。

16. 作物缺氮属病害吗？其症状如何？

作物缺氮属非侵染性病害。其症状首先表现为生长缓慢，植株矮小，叶片细薄，绿色减退，先呈浅绿色，逐渐变为黄绿色、橙色和红色等，最后干枯。这些症状先出现在较老的叶片上，然后逐渐扩大到较幼嫩的叶片上。有些作物表现为早期落叶、叶片数减少。如小麦、水稻等谷类作物缺氮，茎秆短而细、分蘖少、穗小、易早衰、结实率下降、子粒不饱满；玉米缺氮时，苗期生长缓慢、矮瘦、叶色黄绿，生长中后期缺氮，下部叶片从叶尖开始沿中脉向叶片基部伸展变黄，叶缘仍为绿色略卷曲，最后呈焦灼状，整个叶片变黄干枯，抽雄迟，果穗短小，甚至空秆。

17. 作物缺磷属病害吗？有哪些症状？

作物缺磷属缺素型非侵染性病害。缺磷的症状相当复杂，不仅各种作物缺磷症状不同，即使同一作物的不同器官与部位也有很大的差别，加之磷在作物体内的移动性较强，除少数对磷极敏感的作物，如油菜、玉米、番茄等易在形态上表现，多数作物当它们还处在潜在缺磷阶段时，则外貌上较难诊断，当这种作物因缺磷而外形上有明显症状时，作物早已遭到缺磷的为害，即使施用磷肥也难于补偿。主要作物缺磷形态特征如下：

①水稻缺磷，一般易形成“僵苗”，返青后生长缓慢，植株矮小，不分蘖或分蘖迟缓；叶形狭长，叶面积小，叶片直立呈“一炷香”状，叶身稍呈环状卷曲，叶色暗绿苍老，心叶以下2～3叶叶尖枯萎呈黄褐色；老根变黄，新根少而纤细，穗小粒少，千粒重低。

②小麦缺磷，出苗后延迟或不长次生根，不分蘖或分蘖少，茎基呈紫色，叶色暗绿略带紫红色，穗小粒少，千粒重低。

③玉米缺磷，苗期生长慢，5叶后明显出现缺磷症，叶片呈紫红色，叶尖紫色，叶缘卷曲；茎基呈紫色，果穗短小弯曲，常出现秃顶现象，子粒不饱满。

④油菜对磷最敏感，反映也最早。严重缺磷时，子叶展开便出现苍老暗绿变厚的缺磷症。出叶迟，叶面积小，茎与柄均呈紫红色，植株矮小不分枝，现蕾开花迟，子粒不饱满，产量下降，含油率低。

18. 作物缺钾的主要症状如何?

因钾素养分供应不足造成作物缺钾时，通常表现为非侵染性病害症状，老叶叶尖和边缘发黄，进而变褐，渐次枯萎。在叶片上往往出现褐色斑点，甚至形成斑块，但叶片中部靠近叶脉附近仍保持原来的色泽，严重时，幼叶也会发生同样的症状。不同作物缺钾外观症状有所不同，主要如下：

(1) 小麦缺钾症状 初期全部叶片呈蓝绿色，叶质柔弱并卷曲，以后老叶的尖端及边缘变黄，变成棕色，以致枯死，整个叶片像烧焦的样子，茎秆细小，早衰易倒伏。

(2) 水稻缺钾症状 首先是老叶尖端和边缘发黄变褐，叶面形成赤褐色斑点，逐渐发展到上部叶片，而后老叶呈火烧状枯死。抽穗前后心叶浓绿，老叶枯焦早衰，稻叶披散，根系发育差，谷粒不饱满，易感染胡麻叶斑病和赤枯病。

(3) 油菜缺钾症状 苗期叶边缘褪绿，并出现白色小斑点。抽薹后，症状明显，叶表面皱缩拱起，叶缘及叶脉间发黄扩展迅速，残留主脉及基部侧脉保持绿色，叶缘枯焦进而脱落，上部抱茎叶边缘常上卷成匙状。茎秆有时表面有褐色条纹斑，变脆易折断，荚少，阴荚多，荚形不齐，多短荚或扭曲。

(4) 玉米缺钾症状 一般在玉米生育中后期表现症状，中下位叶片从叶尖开始，沿叶边向叶鞘边逐渐变褐后焦枯，至整个叶片枯死，进入伸长期后，节间明显缩短，叶色深浓，叶形变化不大，致株形异常，叶片与茎节长度比例失调，茎秆发育不良，细弱容易折断、倒伏，破开茎秆时，可能发现褐色区。成熟延迟，果穗发育不齐，穗形小，秃顶长，子粒成熟度差，淀粉含量低，多皮壳。

(5) 大豆缺钾症状 前期叶片小，淡绿无光泽，中后期老叶尖端边缘变黄，叶肉皱缩拱起，叶小卷曲，叶肘、叶柄呈棕褐色。根系老化易早衰。

(6) 花生缺钾　开花结荚期表现为叶色淡绿，边缘焦枯，生长受抑制。

19. 作物缺硼症状怎样？缺硼易引起哪些生理性病害？

作物缺硼几乎在各个部位都可能出现症状，特别是新生部位首先表现缺硼症。如顶端生长受阻而枯死，叶片增厚变脆、皱缩，出现坏死斑点，茎和叶柄表面增厚并木栓化，花药萎缩，花粉异常，花粉萌发与花粉管伸长受阻，花瓣色素消失，落花或花而不实，果实肉质出现褐色斑点等。如甜菜的心腐病，芹菜的茎裂病，苜蓿的黄化病，烟草的顶腐病，苹果的缩果病，柑橘的硬化病，油菜花而不实，棉花的无桃，花生的无仁等，均是由于缺硼而引起的生理性病害。

20. 作物缺硅有什么症状？

水稻缺硅，植株矮，叶软下垂，易受病菌侵入；根茎通气组织不发达，根短；抽穗迟，穗数少，穗型小，粒重低，有时叶片和谷壳出现褐色斑点；麦类缺硅，遇到寒流，下部叶片会发生下垂，甚至茎叶枯萎，叶片有时出现褐色斑点；番茄缺硅于第一花序开花期生长点停止生长，新叶出现畸形小叶，叶片失绿黄化，下部叶片出现坏死，并逐渐向上部叶片发展，坏死区扩大，叶脉保持绿色，而叶肉变褐，下位叶片枯死，花药退化，花粉败育，开花而不受孕。

21. 作物缺锌有什么症状？

作物种类不同，对锌的反应各异。对锌反应敏感的作物有玉米、大豆、水稻、棉花、番茄、柑橘、葡萄、果树等；中等敏感的作物有马铃薯、洋葱、甜菜、三叶草等；不敏感的作物有小麦、大麦、胡萝卜、豌豆等。

土壤缺锌易使一些作物，特别是一些对锌反应敏感作物产生生理性病害。如水稻缺锌，苗期僵苗不发，叶基部失绿发白，失绿部分因失去弹性而出现局部叠合和小折皱，叶枕错位，新叶短于老叶，呈所谓“倒缩”，根系短、新根少，分蘖推迟或减少；玉米缺锌，出苗后1～2周，发生“白苗病”，拔节伸长后，中上部叶片下半截（近茎端）叶脉间失绿发黄或黄白，形成条纹花叶，抽雄吐丝延迟，节间缩短，果穗缺粒秃顶；果树缺锌则幼叶硬而小，引起簇叶，称为小叶病。

22. 病害诊断时应注意哪些问题?

不同的病害在田间可以形成相同的症状，有时同一病害在不同的发展时期或不同的部位都表现出各不相同的症状。因此病害诊断时需要注意症状的复杂性和多变性特点。

（1）要充分认识作物病害症状的复杂性 任何植物病害的症状均有一定的特异性和稳定性，但在许多情况下，它们又具有一定的变异性和复杂性。同一种病害，往往由于作物品种、生育阶段、生长环境以及栽培管理等方面的差异，症状表现有很大差别，相反，不同病害在同一寄主作物上又常常形成相似的症状，所以要强调病原，以防误诊。

（2）要防止病原菌和腐生菌的混淆 在不少作物的感病部位，常常可以镜检到多种真菌孢子，有时甚至在真菌病害的病组织内，见到细菌溢出的现象，所以诊断时，要根据寄主种类、症状特征、病原形态等各方面的因素进行综合分析，必要时还要通过接种试验，才能正确区别病原菌和腐生菌。

（3）要防止病害和虫害的混淆 病害和虫害的主要区别是前者有病理程序，后者没有病理程序，但也有例外，如蚜虫、螨类等也能诱发被害作物产生类似病害的被害状，这就需要加以仔细鉴别，才能正确诊断。

（4）要防止侵染性病害和非侵染性病害的混淆 在自然条件下，侵染性病害流行，降低了寄主作物对不良环境的抵抗能力，诱发非侵染性病害的发生；相反，非染性病害发生，削弱了寄主作物的生长势和抗病力，又为侵染性病害的侵染创造了条件，所以两类病害往往混淆，必须通过调查、接种、鉴定等手段，抓住问题主要方面才能作出正确诊断。

23. 病原物是怎样侵染作物的？

病原物整个侵染过程是连续进行的，一般经历接触期、侵入期、潜育期、发病期四个时期。往往是通过一定方式传播到寄主作物的感病点上，与之发生接触，随之侵入寄主体内吸取营养，建立寄生关系，并在病组织内扩展，使寄主的生理活动、组织器官、外部形态遭到破坏，导致发生病害而表现症状。

24. 病原物侵染过程的四个时期如何划分？

病原物能够引起侵染的部分与作物发生接触的时期为接触期。病原物侵入作物到与作物建立寄生关系为止的一段时期为侵入期。病原物从侵入作物建立寄生关系到表现症状为止的一段时期为潜育期。作物经过潜育期，在体表出现症状的时期为发病期。

25. 病原物侵入作物的途径有哪些？

病原物主要通过以下三种途径侵入作物：

（1）直接穿透寄主表皮侵入　如线虫、寄生性种子植物和有些真菌。真菌孢子萌发形成的芽管接触寄主角质层时，在其顶端形成附着器，分泌黏液，使芽管固着在寄主表面，然后以附着器产生的侵染丝依靠机械压力或分解酶穿透角质层和细胞壁侵入寄主；线虫以吻针或头部刺入组织内吸取养分，进行外寄生，或以吻针刺破皮层进入组织内部进行内寄生；寄生性种子植物菟丝子则在与寄主接触处长出吸盘侵入寄主维管束。

（2）自然孔口侵入　寄主体表的自然孔口很多，如气孔、水孔、皮孔、蜜腺、芽眼等。只有真菌和细菌可以从这些自然孔口侵入。病原真菌以芽管直接侵入；病原细菌在侵入时，往往先存在于薄壁细胞的细胞间隙，破坏周围的细胞，再侵入细胞内，或随水珠由水孔进入叶脉导管等。

(3) 伤口侵入　由于各种原因，寄主体表常出现各种伤口，如自然伤口、机械伤口、人为伤口、虫伤等。几乎所有病原物都可以从伤口侵入。许多寄生性很弱的真菌必须通过伤口才能侵入。从伤口侵入的真菌，先利用伤口的营养物质进行生长，而后侵入健全的细胞组织；细菌一般先在伤口处进行繁殖，而后侵入寄主植物的细胞间，一般不侵入细胞内；病毒只能从微小的伤口（细胞受伤而没有死亡）侵入，在活细胞中增殖，因而常借助昆虫、螨类和低等真菌等介体侵入寄主体内。

26. 了解病原物的侵染过程有什么作用？

了解病原物的侵染过程对病害防治有着重要的指导意义。如接触期是病原物侵染过程中一个十分有利于防治的时期，在此期间，许多防治措施可以减少或避免病原物和寄主接触，将病原物消灭在侵入之前，以争取防治工作的主动；潜育期说明病原物的侵入并不意味着发病，在认识和掌握潜育期中病原物、寄主作物和环境条件间相互关系及其相互制约的客观规律以后，就可以充分运用各种栽培措施，增强寄主作物的抗病力，抑制病原物的繁殖，控制病害的发生；发病期由于有大量病原物暴露在寄主体表，在此期间采取化学防治措施比较容易消灭。

27. 什么是病害的侵染循环？病害是怎样进行循环的？

病害侵染循环是指一种病害从前一个生长季节开始发生，到下一个生长季节再度发生所经历的全部过程。在病害整个侵染循环中，病原物经过越冬越夏，通过传播，进行初次侵染和再次侵染，再转入休眠状态，使病害在田间得以反复发生和延续。

28. 寄主作物休眠期或收获后病原物是如何存活下来的?

寄主作物休眠期或收获后，病原物以越冬越夏的方式存活。所谓病原物的越冬越夏，是指寄主作物收获后或处于休眠期间，病原物度过对其不良环境的方式和场所。有的病原物在形态结构上为适应季节变化或寄主作物生长逐渐衰老而改变，产生能度过不良环境的休眠结构，如菌核、厚坦孢子等。经过越冬越夏的病原物，遇适宜的环境条件，从休眠状态转变为活跃状态，大多产生繁殖体，经传播成为下一个生长季节的初侵染源。

29. 病原物在什么场所越冬越夏?

病原物因种类不同而具有不同的越冬越夏场所，有的只有一个场所，有的有多种场所，主要场所是：

(1) 种苗和无性繁殖材料 病原物以种子、苗木和其他繁殖材料作为越冬或越夏场所。有的以它的休眠体和种子混杂在一起，如小麦线虫的虫瘿、菟丝子的种子等；有的以休眠孢子附着在种子表面，如有些黑粉菌的冬孢子；有的潜伏在种子、苗木和其他繁殖器官内部，如麦类散黑穗病菌以菌丝在种胚内越冬越夏，水稻白叶枯病菌在颖壳内越冬等；有的在种子内部和外部越冬，如棉花的枯萎病菌和黄萎病菌；有的在块根中越冬，如甘薯黑斑病菌等。

(2) 病株残体或土壤 大多数非专性寄主的真菌和细菌，都能在病株残体和土壤中越冬。存活在病株残体上的病原物受到植物组织的保护，对环境因子的抵抗力较强，存活时间较长。在土壤里越冬越夏的病原物，随病株残体落入土壤中，受腐生菌的拮抗作用较小，其存活时间的长短决定于病株残体分解的快慢，土温低而干燥的分解慢，存活时间较长，土温高而湿度大的分解快，存活时间较短，但病株残体分解后，病原菌就不能在土壤中单独存活而逐渐死亡，这些病原菌称土壤寄居菌，如稻瘟病菌、玉米大斑病菌、小斑病菌等。还有极少数病原菌，对土壤适应性强，能在土壤中繁殖和长期存活，但也受土壤条件和拮抗微生物的影响，这些病原菌称土壤习居菌，如小麦全蚀病菌、棉花枯萎病菌、黄萎病菌等。

（3）田间病株及其他寄主植物　有些专性寄生物必须在活的寄主上寄生才能存活，如小麦秆锈菌在北方不能越冬，在南方不能越夏，因此秆锈菌多半是在南方小麦上越冬后传到北方，在北方的小麦上越夏后再传到南方。

（4）粪肥　粪肥中的病原物多因积肥中掺进病残体，或因牲畜粪便带菌，如用有小麦腥黑穗病的病株喂养牲畜，病菌的冬孢子虽经牲畜的肠胃，仍能在粪肥中存活，这些肥料未经腐熟即施用，病原物就随之带到田间而引起发病。

（5）昆虫　有少数病毒可以在持久性传毒的昆虫体内越冬，并进行增殖，如水稻条纹叶枯病、黑条矮缩病病毒就是在传毒的灰飞虱体内越冬的。

30. 为什么要了解病原物的越冬越夏场所?

因为病原物的越冬越夏场所，一般就是下一季作物病害初次侵染来源。病原物在越冬越夏期间，多处于休眠状态，且比较集中，是病害侵染循环中的薄弱环节，比较容易消灭。了解病原物的越冬越夏场所，能为某些病害采取相应的防治措施提供科学依据。如了解病原物在种苗部位越冬越夏，是选择种子处理方法的依据，而播种前的种子处理则是一项很重要的预防措施；了解病原物在病株残体或土壤等部位越冬越夏，是采取农业措施如轮作、深耕等措施的依据，促使病株残体分解和土壤拮抗微生物增生，达到消灭病菌的目的。因此，掌握病原物的越冬越夏场所，采取相应的有效防治措施，就能收到良好的防治效果。

31. 何为病害的初侵染与再侵染?

初侵染是指经过越冬越夏的病原物在作物生长季节中首次侵染作物。再侵染是指同一生长季节中，受到初侵染的作物，在适宜的条件下，病部产生孢子或其他繁殖体经过传播又重复侵染作物。

32. 病原物通过什么方法进行传播?

绝大多数病原物的传播都是依靠外界动力包括自然因素和人为因素而被动传播的，它们的传播方法有风力传播、雨水传播、昆虫和其他生物传播以及人为传播。

33. 风力传播的病害怎么防治?

许多真菌能产生大量孢子，孢子小而轻，可随风传播。风的传播速度快，距离远，波及面广。因此病原物借风力远距离传播的病害，防治方法比较复杂，除注意消灭当地的病原物外，还要防止外地传入的孢子侵染，常需要组织大面积联防，才能获得较好的防治效果。

34. 为什么有些病害暴风雨后往往发生严重? 如何防止此类病害的发生?

病原细菌和部分真菌孢子由雨水和流水传播，病原细菌往往随溢脓流出寄主体外，如水稻白叶枯病菌在病部形成黏胶状的菌脓，只有借雨水才能使其分散开来，落入稻田水中或随雨滴的飞溅而被带走，所以水稻白叶枯病在暴风雨后往往发生严重。由于雨水传播的距离比较近，对于这类病害，只要消灭当地的发病来源和管好灌排系统，对防止病害发生有一定效果。

35. 人为传播病害主要通过哪些途径? 如何防控?

人为传播病害主要通过以下两个途径：一是种苗及其他农产

品的调运。随着农业生产的发展，种苗及其他农产品调运频繁，许多病原物可从国外传到国内，从甲地传到乙地，为防控病害传入无病区，必须重视检疫。二是农事活动。农业耕作栽培活动也能传播病害，传播的距离一般不远，如栽种带菌的种苗，可以把病害传播到下一年，施用带菌的粪肥可以把病害传播到田间，许多土壤中的病原物可以随着耕地、移栽、中耕、灌溉等而向外传播，整枝、打杈、脱粒和使用带菌的农具等，都可以传播病原物，引起作物病害，故应在农事活动中注意避免病原物传播。

36. 作物侵染性病害由生物因素引起，为什么又与非生物环境因素有关？

作物侵染性病害的发生是在一定环境条件下病原物与作物之间相互作用的结果。环境条件既可以影响寄主作物生长发育，增强或降低其抗病力，又可以影响病原物的繁殖和活性，促进或抑制其发育。因此，环境条件不利于作物而有利于病原物活动和病害的发展时，作物就会发生病害。所以环境条件可以在不同程度上影响病害的轻重程度，甚至对病害的发生发展起着决定性作用。重要的环境条件有温度、湿度、气流、光照、土壤酸碱度、寄主作物营养等，其中温湿度的影响更大。所以在农业生产上，要不断地营造有利于作物生长的条件，恶化病原物繁殖活动的条件，从而实现控制病害的发生。

37. 温度如何影响作物侵染性病害的发生？

病原物繁殖和扩展以温度的影响最大，温度高低决定病原物繁殖扩展的速度，从而决定潜育期的长短，在适宜温度范围内，温度愈高，潜育期愈短，病害发展愈快。病害潜育期长短，决定着在一个生长季节内病原物再侵染的次数，因而对病害的流行具有很大影响。

38. 为什么说湿度与作物侵染性病害的发生密切相关?

病害的发生、流行与雨量和相对湿度有密切关系。绝大多数病害是不是发生和流行，都取决于雨量和相对湿度能不能充分满足。真菌孢子的萌发需要在作物表面有一层水膜，而且只有在高湿情况下，孢子才能从子实体内释放出来。有些病原真菌，不仅在孢子萌发、侵入时需要高湿，整个发育过程中，也都需要高湿；细菌也要在寄主表面有水存在时，才能通过伤口和自然孔口侵入寄主体内繁殖、扩展、为害。在侵染作物地下部分的许多病害中，病害的严重程度几乎与土壤的湿度相一致，土壤湿度大，有利于病原菌的繁殖和活动，病害发生就重。所以，适宜的大气湿度和土壤湿度是病害发生的重要条件。

39. 病害的发生与作物营养有什么关系?

病害的发生与寄主作物的营养有很大关系。作物的营养状况影响作物生长和抗病能力。如氮素过量，作物组织幼嫩、多汁、营养生长期延长，成熟期推迟，容易受到病原物侵染，有利于病害的发生。相反氮素不足，作物生长不良，特别是降低了某些作物对一些病原物的抵抗力，往往也易感病。除氮素外，磷、钾、钙以及多种微量元素也很重要。适量提供作物所需要的全部营养元素，使作物营养获得均衡，将会增加寄主作物抵抗病原物的侵染能力，以减轻病害的发生为害。

40. 寄主作物对病原物的侵染有哪些反应?

病原物侵染作物后，作物对病原物侵染必然会有不同的反应，可分为以下四种类型：

(1) 感病 作物受病原物侵染后发病严重，对作物的生长发育、农产品的产量和品质影响都很大，有的甚至引起局部或全株死亡。

(2) 耐病 作物受病原物侵染后也发生了病害，且有相当显著的症状，但由于作物自身的补偿作用，对产量、品质没有太大的影响。

(3) 抗病 病原物侵入作物，建立寄生关系，但由于作物的抵抗，病原物被局限在很小范围，不能在作物体内继续扩展，作物只表现轻微症状。有的病原物不能继续生长发育，趋于死亡，有的虽能继续生长发育，甚至还能少量繁殖，但对作物几乎不造成为害。

(4) 免疫 寄主作物能够抵抗病原物的侵入，使病原物不能与作物建立寄生关系，或者虽能建立寄生关系，但由于作物抵抗，侵入的病原物不久便死亡，作物不表现任何症状。

41. 什么叫作物病害流行？病害流行的条件是什么？

作物病害大面积发生，迅速传播造成损失的过程和现象，称作物病害的流行。

病害流行条件有以下三个方面：一是大量的感病寄主。感病寄主是病害发生和流行的先决条件。二是致病力强的病原物。病原物的致病力强和数量多是病害流行的基本条件之一。三是适宜发病的环境条件。当寄主、病原物条件基本具备时，环境条件便成为病害流行的主导因素。环境条件又分自然环境和人为环境。前者主要指气候因素，是难以控制的因素，包括温度、湿度、光照等，其中对病害流行影响较大的是温度和湿度。后者包括耕作制度、栽培方法、植保措施等所造成或改变的农田小环境，是可以控制的因素。

第二节 虫 害

42. 什么是作物虫害？

作物在生长发育及其产品贮藏运输过程中，常常受到许多有害昆虫的侵袭，造成作物外观的损害，正常的生理活动受到影响，致使产量下降、质量低劣，蒙受经济损失。这种由有害昆虫造成对作物的为害称为作物虫害。造成为害的昆虫称为害虫。

43. 害虫通过什么方式为害作物？

害虫通过直接取食、非取食和传播病害三种方式为害作物。

（1）直接取食性为害　如嚼食、潜叶、卷叶或缀叶营巢、钻蛀、刺吸、成瘿等。

（2）非取食性为害　如害虫产卵造成对作物组织的伤害；地下害虫在土壤内穿行形成隧道，使幼苗根系脱离土壤，失水而死；蚜虫、稻飞虱等分泌蜜露不仅引起煤污病，还堵塞气孔和污染叶片，影响光合作用等。

（3）传播病害　如作物病毒病许多就是由蚜虫、稻飞虱、叶蝉等作为媒介进行传播的，昆虫为害造成伤口，也能导致作物病原菌的侵入。因而防治媒介昆虫就成为防治许多作物病害的重要措施之一。

44. 害虫生殖有几种类型？

害虫种类繁多，生活环境各不相同，生活方式更是变化多样，因此经过长期适应，害虫的生殖方式也表现出多样性。主要有以下几种：

（1）两性生殖　两性生殖是昆虫普遍进行的一种生殖方式，又称两性卵生，即经过雌雄交配，精子与卵子结合后，雌虫产下受精卵，再发育成新个体的生殖方式。

（2）孤雌生殖　又称单性生殖，即雌虫不经过受精或未经受精的卵直接发育成新个体的生殖方式。如某些粉虱、介壳虫和蓟马等。

（3）卵胎生　又称孤雌胎生，指雌虫未经受精的卵在母体内依靠卵黄供给营养，进行胚胎发育，直至孵化为幼体后才从母体中产出。如蚜虫。

(4) 多胚生殖 这种生殖方式常见于一些寄生蜂。产在寄主体内的1个卵在发育过程中可分裂2个以上的胚胎，最多可达3 000个，每1个胚胎发育成1个新个体。

45. 什么是昆虫的变态？如何区别两种不同的变态类型？

昆虫从卵孵化开始发育到成虫性成熟为止，昆虫的外部形态和内部器官等方面发生一系列变化，从而形成几个不同的发育阶段或虫态，这种变化称为变态。根据昆虫变态的不同特点，可以分为不完全变态和完全变态。完全变态昆虫一生经过卵期→幼虫期→蛹期→成虫期4个阶段。不完全变态昆虫一生只经过卵期→幼虫期→成虫期3个阶段。两种变态的区别是完全变态要经过蛹期，而不完全变态没有蛹期。

46. 了解害虫卵期特性对指导防治有什么意义？

害虫卵期是指卵自产下后到孵化所经过的时间，它是昆虫个体生命活动的第一个阶段。各种害虫卵的大小、形状各不相同，产卵方式、产卵场所也多种多样。掌握害虫的卵粒形状、产卵习性和场所，对于害虫调查及防治具有重要的意义。特别是对产卵集中的害虫，可以采取人工摘除或结合农事操作进行有效防治。

47. 为什么害虫的防治适期应掌握在卵孵盛期或幼虫初龄期？

害虫幼虫期是指从卵孵化为幼虫到变为蛹所经过的时间，是害虫取食生长的主要时期，也是农业害虫的主要为害时期。幼虫期因蜕皮而可以明显地划分为几个龄期，不同龄期的幼虫在形态上、习性上、食量上都有不同。初孵化的幼虫体积小，体壁薄，活动力弱，食量小，常常群集，多半暴露取食，对药剂的抵抗力小。随着龄期增加，虫体长大，食量加大，对药剂的抵抗力也增加，为害部位和方法也较隐蔽，同时开始迁移扩散。幼虫三龄以后，体壁增厚，食量激增；四龄进入暴食期，给农业生产带来灾害，故而防治害虫的关键时期应该是卵孵盛期和幼虫初龄期。我们可以通过田间观察，室内饲养，结合各龄虫形态上的特点等，推算掌握该虫的初龄幼虫期，及时组织防治。

48. 在害虫蛹期采取防治措施是否有效果?

害虫蛹期是指完全变态害虫从蛹到羽化为成虫所经过的时间。蛹期是害虫生命活动的一个薄弱环节。因为蛹不活动，易受侵袭和不良环境因子的影响，因此在这一时期较易取得预期的防效。如对土中的蛹，可采取秋耕、浸水、暴晒等方法进行防治。但由于蛹期不食不动，呼吸缓慢，生理上的抗性较强，并常有各种保护构造，可以适应低温等不良环境，故而为多数害虫越冬休眠的虫态，因此，蛹期施药效果很差。

49. 害虫成虫期为害农作物吗?

害虫成虫期是指完全变态害虫的蛹或不完全变态害虫末龄若虫蜕皮变为成虫后至死亡所经过的时间。大多数害虫羽化为成虫时，性器官还未完全成熟，需要继续取食一段时间，才能达到性成熟。这种对成虫性成熟必不可少的营养，称为补充营养。这类害虫成虫阶段对农作物仍能造成为害。了解害虫有补充营养的习性，仍然可视情况进行化学防治，也可设置诱集器进行捕杀，同时也是预测害虫发生期的重要依据。

50. 什么是害虫的世代和生活年史?

害虫的世代是指害虫新个体（卵或幼虫）离开母体开始到成虫性成熟产生后代为止的个体发育史，又叫一代。一年只完成一个世代的害虫称为一化性害虫，一年有两个世代的称为二化性害虫，一年有多个世代的称为多化性害虫。各种害虫世代的长短和一年内所能完成的世代数不尽相同。

害虫的生活年史是指害虫自越冬虫态开始活动起在一年内的发生过程，又叫生活年史。

51. 如何理解害虫的休眠和滞育?

害虫休眠是由不利环境条件所引起的生长发育暂时停止的现象，不利环境条件一旦消除，就可迅速恢复生长发育。

滞育是作为遗传特性固定发生在某一虫态的发育停滞现象。滞育的发生受外界环境和内部因子的调控，是对不利环境（如寒冬或盛夏）的遗传性适应，发生于不利条件出现之前，一旦进入滞育状态，即使给以适生条件也不能恢复，必须经过一定的滞育期，并要求有一定的刺激因素，才能恢复生长发育。

52. 农业害虫食性有几种类型? 如何根据害虫的食性制定防治策略?

害虫在长期的演化过程中所形成的对食物的选择，称为食性。根据取食范围的宽窄，农业害虫有三种食性：一是单食性，只取食 1 种寄主物，如三化螟、褐飞虱只取食水稻；二是寡食性，只取食一个科及其近缘科内的若干种植物，如二化螟只取食水稻及近缘科的茭白、玉米、小麦等植物；三是多食性，能取食不同科、属的多种植物，如黏虫、棉铃虫等。

了解当地主要害虫的食性，对害虫防治非常重要。主要作用有：①根据当地主要害虫的食性，运用正确的轮作，实行正确的间作套种，调配作物布局，恶化害虫生活条件；②根据作物生长发育状况与害虫取食的关系，划分药剂防治田块，正确指导防治工作，分出轻重缓急，减少防治面积；③在引进农作物到一个新地区时，必须先调查与引进作物亲缘相似植物的害虫种类，研究它们是否会造成对引进作物的重大灾害，以便采取有效措施，保证新引进的作物不致因虫害而引种失败。

53. 什么是害虫的趋性？如何运用害虫的趋性来设计防治措施？

害虫趋性是害虫接受外界刺激后，表现在行动方向上或趋或避的反应。按刺激物的性质，趋性可分为趋光性、趋化性、趋温性、趋湿性、趋色性等，其中与测报和防治关系密切的主要是趋光性和趋化性。利用昆虫的趋性，可以设计各种防治措施。如利用昆虫对灯光的正趋性设计灯光诱捕；利用其正趋化性，可采用相应的有毒食物或性诱剂进行诱杀，如糖醋水诱蛾等。

54. 何为害虫的群集性？了解害虫的群集性对指导防治有何作用？

害虫群集性是同种害虫的个体高密度地群集生活的现象。如二化螟、斜纹夜蛾等，初孵幼虫群集在一起，老龄时则分散为害。了解害虫的群集习性，尤其是摸清永久性群集形成的原因，对指导防治有着重大作用，不仅便于抓住群集期集中消灭害虫，而且可通过改造有关的生态环境，根治其发生和为害。

55. 害虫的扩散意味着什么？

害虫扩散是害虫在个体发育过程中，为了取食、栖息、避敌、交配、繁殖等活动，而进行小范围的分散行为。如水稻三化螟，幼龄时可经爬行、吐丝下垂或飘荡等途径，以卵块为中心向四周扩散。扩散是害虫生长发育到一定阶段扩大生活空间的一种本能习性，扩散后有利于害虫的生存和繁殖，意味着害虫为害的扩大，故应不失时机地将其消灭在扩散之前。

56. 了解害虫的迁飞规律有什么意义？

害虫迁飞是害虫在一定季节内有规律地、成群地从一个发生地迁移到另一个较远发生地的行为。如小地老虎、稻纵卷叶螟、褐飞虱等。掌握害虫的迁飞规律，对准确预测害虫发生动态和设计防治方案，具有十分重要的指导意义。

57. 何谓害虫种群和群落、食物链和食物网？

害虫种群是指生活在一定空间内同一物种个体的集合。

害虫群落是指一定空间内生活的生物种群的聚合体。

害虫食物链是指害虫与食物、天敌三者之间通过取食或被取食而相互连接成的链锁式食物关系。

害虫食物网是指各食物链之间或以共同的植物，或以共同的害虫、天敌而相连接，从而形成一个复杂的网络状结构。

58. 影响害虫种群的环境因素有哪些？

在农业生态系统中影响害虫种群的环境因素，主要有非生物的气象因素、土壤环境因素和生物性的寄主作物、天敌因素以及人类的农业生产活动。气象因素包括温度、湿度、光、风、雨等，这些因子在自然环境下变动较大，对害虫影响很大。在农业生态系统中，对害虫而言，食物条件很容易满足，而天敌在害虫发生初期所起的抑制作用甚小，因此气象因素对害虫的生长发育和控制作用就显得尤为突出，特别是温度和湿度的影响。

59. 温度如何影响害虫的生长发育？

害虫是变温动物，外界环境温度能直接影响害虫的代谢速率，从而影响害虫的生长发育和繁殖。害虫只能在一定的温度范围内进行正常的生长发育，超过这一范围，其生长发育就会停滞，甚至死亡。因此，害虫对温度的反应可以划分成几个不同的温区，即致死高温区、停育高温区、适温区、停育低温区、致死低温区。在适温区内，温度越高，害虫完成生长发育所需的天数越少，也就是说，害虫的发育速率与温度成正比。

60. 湿度如何影响害虫的生长发育？

湿度对害虫的影响是多方面的，不但与害虫体内水分平衡、体温以及活动有关，而且也可直接影响害虫的生长发育。各种害虫生长发育也有适宜的湿度范围，湿度过低或过高均可抑制害虫的发育。

61. 降水如何影响害虫的生长发育？

降水主要通过改变空气温度和相对湿度，来影响害虫的发育和繁殖。其次，一些迁飞性害虫的降落也与降水有关，如稻纵卷叶螟、褐飞虱等，受高空气流影响，在其迁入期内多雨，常会导致降落虫源数量大增。此外，暴雨对一些害虫的初孵幼虫以及蚜虫、螨类等，则有很强的机械性冲刷和杀伤作用。因此，在同一地区不同年份，降雨日期、雨次及雨量的变化，常常成为影响农业害虫发生迟早、发生数量和为害程度的重要因素。

62. 为什么土壤因素也与害虫的生长发育有关？

土壤也是害虫的生活环境之一。有些害虫终生在土壤中生活，有些害虫的一个或几个虫态必须在土中度过，还有些害虫则需在土中栖息。因此，土壤的温度、湿度、结构和化学特性等，与许多害虫的生长发育和活动分布都有密切关系。

63. 土温对哪些害虫的生长发育有影响？

土温的变化随着土层深度的增加而递减。自春暖至炎夏，表土层的温度逐渐高于深层，而自秋末至隆冬则相反，土层愈深，温度愈高。这些特点明显地影响着一些土居害虫如蝼蛄、蛴螬等的上下移动，从而形成这些害虫的季节性为害规律。此外，还为许多害虫提供了良好的越冬越夏场所，使它们有可能避开冬夏难以忍受的低温和高温环境。

64. 土壤湿度与土壤含水量对害虫的生长发育有何影响？

土壤湿度对害虫的影响不显著，与害虫生活密切相关的是土壤含水量。一般土栖害虫都要求较湿润而通气良好的土壤环境，土壤含水量过高或过低，都会直接影响它们的发育和活动。如蝼蛄、金龟子等地下害虫产在土中的卵，在土壤过干时即不能孵化。

65. 害虫分布与土壤的结构、有机质含量和酸碱度是否有关？

土壤的结构、有机质含量和酸碱度等，对害虫的分布和活动有重大影响。如华北蝼蛄多分布在偏北方的沙土地区，非洲蝼蛄则以南方黏土地区为多。沟金针虫喜在酸性土壤中生活，小麦吸浆虫则喜生活于碱性土壤中。

66. 何谓害虫的天敌？天敌有哪些种类？天敌对防治害虫有什么作用？

在自然界中，许多动物、微生物、捕食性害虫，它们以害虫为食料或寄生于害虫体内外，统称为害虫的天敌。

天敌包括病原微生物和线虫、捕食性昆虫、寄生性昆虫及食虫动物。捕食性昆虫种类多，最常见的有草蛉、肉食性瓢虫、螳螂、步甲、食蚜蝇、食虫虻等。寄生性昆虫主要有寄生蜂和寄生蝇。

天敌是影响害虫数量变动的主要因素之一，在自然界中，害虫常被种种天敌抑制而不能大量发生，因此，利用天敌来消灭害虫可作为人类与害虫作斗争的一项重要方式。

67. 改变害虫发生的非生物环境对害虫发生有何影响？

人类有计划地进行农田基本建设、垦荒造田、植树造林以及耕作、施肥、灌溉、田间管理等，在改变自然面貌的同时，也改变着害虫生活的农田小气候和土壤环境。一方面可使某些害虫因不能适应改变后的生活环境而逐渐衰落，如我国蝗区的治理和里下河地区的“沤改旱”，分别成功地根治了飞蝗和食根叶甲；另一方面又可促使一些害虫因获得适宜环境而孳生发展，加重为害，如免、少耕措施的推广，导致部分地区稻象甲为害加重。

68. 农田食物链的结构对害虫的消长有什么影响?

农事活动中的改革耕作制度，调整作物布局，引种抗虫新品种等，往往较大幅度地改变着农田食物起始环节——作物种群，从而引起食物链结构的连锁反应，强烈地影响农田害虫及其天敌的组成。如淮北地区大面积扩种水稻后，许多取食旱谷的害虫明显衰落，而二化螟、稻纵卷叶螟等则迅速上升为主要害虫。又如扩种杂交稻后，引起三化螟发生量锐减，大螟为害加重等。人类还可通过向一个地区引进或移植天敌，直接改变农田中的益虫与害虫结构，使某些害虫得到有效的控制。而生产上的频繁调引种苗，则又常会帮助一些害虫传播、扩散等。这里还应指出，一个地区内食物链结构的改变，有时还可能涉及较远地区。如近几年来南方稻区推广种植抗褐飞虱而不抗白背飞虱的水稻品种后，使当地白背飞虱的发生量迅速上升，从而导致长江流域及其以北稻区白背飞虱的初发虫源明显增多，盛发期提早，为害加重。

第三节 草 害

69. 什么叫农田杂草?

农田杂草是指人类栽培目的植物以外的田间自生植物。

70. 什么样的杂草是恶性杂草?

恶性杂草是指在繁殖、成熟、自然落粒、休眠及生长等生物学特性方面有十分广泛的适应性，分布面广，受害面积大，不仅发生数量众多，而且难以清除，在生产上造成严重损失的杂草。

71. 农田杂草对农业生产有哪些为害?

农田杂草抗逆力强，它们的生物学特性非常适应于栽培植物的环境条件，因此在田间到处滋生，与农作物争水、争肥、争光照，降低农作物的产量和品质。杂草又是许多为害农作物的病虫的寄主或栖息越冬场所，有些杂草还直接影响人、畜健康。

72. 杂草按生长习性可分哪几类?

杂草按生长习性可分三类：

(1) 一年生杂草　一般在春夏发芽出苗，到夏、秋开花结果之后死亡，即整个生命周期在当年内完成，这类杂草以种子繁殖，幼苗不能越冬，如稗草、马唐、狗尾草等。

(2) 二年生杂草或越年生杂草　一般在夏、秋季发芽出苗，以幼苗或根芽越冬，翌年夏、秋开花、结实，整个生命周期需跨越两个年度，如看麦娘、牛繁缕等。

(3) 多年生杂草　可连续生存三年以上，一生中能多次开花、结实，如双穗雀稗、狗芽根、香附子等。

73. 生产上一般将农田杂草分为几大类?

根据农田发生的一些常见杂草，一般将农田杂草分为：

①禾本科杂草，如麦田杂草看麦娘、硬草。

②阔叶类杂草，如麦田杂草猪殃殃、繁缕、荠菜。

③莎草科杂草，如稻田杂草异型莎草、日照飘拂草。

74. 杂草有哪些特有的繁殖特性?

杂草特有的繁殖特性主要有以下几点：

(1) 惊人的多实性　绝大部分杂草的结实量高于作物几倍至几十倍。如 1 株稗草能结 7 160 粒种子，1 株荠菜能结 38 500 粒种子，这种大量结实能力，是一年生杂草和二年生杂草在生存竞争中处于优势的重要基础。

（2）顽强的生命力　杂草种子的寿命一般很长，埋藏于土壤中的繁缕和车前种子能保持发芽力达10年之久，马齿苋可达20～40年。稗草种子在40℃的厩肥中仍可保持1个月的生活力，而繁缕种子在3℃低温条件下还可以萌芽。荠菜、小旋花的种子即使没有成熟，也可萌发长成幼苗。

（3）多种繁殖方式　很多杂草除种子繁殖外，还具有无性繁殖的能力，尤其是多年生杂草，如香附子、牛毛草、荆三棱等莎草科杂草，双穗雀稗、狗牙根、茅草等禾本科杂草，刺儿菜、蒲公英等阔叶杂草，不仅能开花结子进行有性繁殖，而且其地下根、茎也具有强大的营养繁殖能力。

（4）多变的开花结实习性　杂草在不同的环境条件下，开花结实迟早差异悬殊，不同茬口杂草出苗有早有晚，从出苗到开花的间隔时间差异很大。农作物种子一般都同时成熟，而杂草结子成熟参差不齐，田间同一种杂草，有的植株已开花结实，而另一些才刚刚出苗；有些杂草同一植株上，边开花结子，边继续生长，结子成熟期可延续数月之久。

75. 杂草种子以哪些方式传播？

杂草种子具有多样的传播方式。有些杂草种子具有适宜于散布的结构或附属物，借外力可以传播很远。如十字花科杂草，其种子可借果皮开裂而脱落散布；菊科植物的种子往往生有冠毛，可借风力传播；有些水生杂草的种子分量轻或具有在水面漂浮的特殊结构，可以随水漂流；苍耳的种子有钩刺，能挂在动物的皮毛和人的衣服上借以传播；野燕麦有扭曲的长芒，容易感受湿度变化而卷曲或伸展，在地面上“爬行”或“钻入”土壤中。许多杂草种子可混杂在作物种子内或饲料、肥料中，通过人类生产活动，尤其是调种和农产品调运而远距离传播。

第二章　防治原理与方法

76. 何谓病虫草害的防治？病虫草害的防治策略是什么？

病虫草害的防治，就是应用多种措施预防或控制病虫草害的发生、发展，使病虫草害造成的损失低于经济允许水平，并力求防治费用最小，经济效益最大，作物生产符合高产、优质、高效的要求。

病虫草害的防治策略是“预防为主，综合防治”。

77. “预防为主，综合防治”的含义是什么？

“预防为主，综合防治”就是从农业生产的全局和农业生产系统总体出发，根据病虫草害与作物、耕作制度、有益生物、环境等各种因素之间的辩证关系，以预防为主，因地制宜，协调应用各种必要的措施进行综合预防，将病虫草害控制在经济受害允许水平以下，以获得最佳的经济、生态和社会效益。

78. 为什么要坚持“预防为主”？

农作物病虫草害的发生与环境条件的关系极为密切，气象因素、耕作制度、品种布局、栽培方法等，都会影响到病虫草害的发生和为害程度。特别是国内外局部发生的一些危险性病虫草害，如果不预防其传入与传出，一旦发生就难以控制其蔓延和为害。因此，防治的对象不仅限于现有的病虫草害，并且要预防新的病虫草害的发生，对于任何病虫草害都是防胜于治。

79. 病虫草害的防治为何要采取“综合防治”？

农作物病虫草害的防治方法很多，但各种方法都有它的优缺点，都有它的局限性。实践证明，任何一种病虫草害单独使用一种防治方法，都不能全面有效地控制为害问题。只有因地制宜，综合应用各种措施，取长补短，才能收到最好的防治效果。

80. 病虫草害的防治方法主要有哪几种?

病虫草害的防治，按其作用原理和应用技术可分为五类：即植物检疫、农业防治、化学防治、生物防治和物理机械防治。

81. “综合防治”是否是各种防治方法的简单相加?

影响病虫草害发生的因素是多方面的。目前使用的各项措施都有各自的优点和局限性。控制病虫草害就必须有选择地运用和系统安排各项防治措施，发挥各个措施的优点，避免其缺点，各项措施之间要协调，不要互相矛盾，彼此抵消，并且要相辅相成，互相促进，把各项措施最大的防治潜力发挥出来。由此可见，综合防治绝不是各种方法的简单相加，更不是防治方法越多越好。而是要以预防为主的指导思想和安全、有效、经济、简易的原则为依据，保高产和保环境并重，针对各种方法的特点，因地制宜，使之充分发挥优点，避开缺点。

82. 什么是农业防治?

农业防治是在有利于农业生产的前提下，通过科学合理的耕作制度、栽培技术及选用抗（耐）性品种等措施，创造有利于农作物生产和天敌发展，而不利于病虫草害发生的条件，直接或间接地消灭或抑制病虫草害的发生和为害。

83. 农业措施对病虫害的防治有哪些作用?

农业防治措施对病虫害的防治作用主要有：直接杀灭、切断食物链的灭害作用，从品种遗传改造及保健栽培措施上增加作物的耐害、抗害作用，调整作物布局及生育期达到避害作用，创造有利天敌繁衍、恶化病虫生态条件的控害作用等几个方面。

84. 农业防治有何优缺点?

农业防治是综合防治的基础，符合植保工作方针，其优点是：直接利用栽培措施进行防治不需要增加农本及工本；应用易掌握、易推广；对有害生物控制以预防为主，往往控制彻底，甚至于为害之前彻底杀灭；对天敌、环境无害，有利于农业生态稳定、平衡；将有害生物治理与作物营养管理相结合，符合农业可持续发展要求等。缺点是：应用时有一定的局限性，因病虫种类不同，采取某项措施，对某种病虫有效，但同时又会引起另一种病虫的回升；也存在着地域性、季节性强，防治作用慢，对暴发性的病虫草害不能迅速控制。

85. 利用哪些农业栽培技术防治病虫草?

利用栽培技术防治病虫草由来已久，方法也多种多样，主要包括合理的种植制度、深耕改土、适时排灌、科学施肥、适期播种、合理密植、清洁田园等几个方面。

86. 种植制度改革过程中应注意什么?

合理的种植制度即合理轮作、合理间作套种、合理布局等。种植制度的改革，引起了生物群落组成的变化，因而改变了病虫草的发生条件，一定条件下制定的种植制度，有可能控制某些主要病虫草的发生和为害，起到增产的作用，同时也可能引起某些次要病虫草的为害加重，甚至上升为主要病虫草害，所以，在种植制度的改革过程中，必须密切注意病虫草种类和为害情况的变化，以便及时采取相应的控制措施。

87. 轮作换茬对控制病虫草的发生有什么作用?

轮作换茬是对土地养用结合，保证作物增产、稳产的重要措施。它可以均衡利用土壤养分、改善土壤理化性能、提高土壤肥力，同时也可达到控制病虫草害的目的。如水旱轮作，对那些迁移力小、食性单一的害虫，可恶化其食料条件，对长期生活在土壤中的地下害虫如地老虎、金龟子、蝼蛄等有明显的抑制作用；对于一些由土壤传播的土传病害，可以控制土传病原菌的数量积累，有较好的防病效果；对防除或减轻田间杂草的为害，特别对于恶性杂草是经济有效的措施。

88. 间作套种对害虫的发生有何影响?

间作套种能直接影响害虫发生为害的程度。实行间作套种能改变害虫与食料的关系，从而影响虫口密度。利用间作套种防治害虫应注意作物的搭配，如果间作套种不适当，也可能造成有利于害虫发生的条件。如麦田套种玉米，必须防止黏虫和麦蚜转移为害玉米苗；玉米套作豆类，红蜘蛛的为害加重。

89. 为什么作物布局的变化也影响病虫害的发生严重程度?

作物布局的变化可以改变害虫与食料、病菌与寄主的关系，对病虫的发生为害程度影响很大。如三化螟在江苏一年发生 3～4 代，如果某一地区的水稻布局为早、中、晚稻或者单季、双季稻并存，则三化螟的每一个世代都有丰富的食料条件，发生为害严重；若改变作物布局，减少中稻或单季稻的面积，当双三熟制的面积在 80%以上，或仅种植双季稻时，由于二代“桥梁田”被切断，三化螟各代发生量显著减少，为害减轻。

90. 深耕对控制病虫草的发生有什么作用?

土壤是许多有害生物生活和栖息的场所，因而耕翻土壤和改良土壤的许多措施也必然会影响这些有害生物的生存环境。深耕改土对防治害虫和一些土传病害具有积极作用，它可以改变土壤生态条件，抑制害虫和病原物的发育和繁殖。如将原来在土层下面的害虫、病原物翻至土表，由于光、温、湿的变化及鸟、蛙、昆虫等天敌生物的捕食而大量死亡，病原物的休眠体如菌核、卵孢子等一旦暴露在土表也失去了萌发和侵染的有利条件。而上层土表的害虫翻入土中，一些虫蛹很难从土中羽化出来，翻入土中的病残组织很容易被腐生菌消解，这一方面有利于杀灭病残体上的病原菌，另一方面有利于增加腐生菌与病原菌的竞争。一些成熟的草籽被翻入深土层也难以萌发。由于机械的作用，深耕改土也可造成对一些害虫、病原生物及杂草的直接杀伤作用。

91. 清洁田园为什么对病虫草害的发生有抑制作用?

植物的枯枝落叶、僵果、残株遗留在田间，其上有不少病原物和害虫，田间杂草也是病虫害的寄主和越冬场所，因此，清园、除草是以预防为主的防治措施。

92. 为什么过度密植有利于病虫的发生和为害?

合理密植能使作物具有适当的单株营养面积和较好的通风透光条件，生长健壮，抵抗病虫的能力强，病虫为害的损失率相对降低。如过度密植，则使田间相对湿度增高，光照不足，作物群体郁蔽，个体发育不良，抗性差，有利于病虫的发生和为害。

93. 调节作物播栽期对病虫防治有作用吗?

通过调节作物播栽期，可以避开某些病虫的为害。如三化螟在分蘖期和孕穗至始穗期最易侵入，圆秆拔节期和抽穗期是相对的安全期，在防治实践上，可以通过调节移栽期，使蚁螟孵化盛期与危险的生育期错开，从而达到避过螟害、减轻受害的作用；小麦纹枯病、水稻条纹叶枯病等，播种过早，发病愈重，通过适当迟播，可以避开前期为害，缩短受害期，最终减轻受害程度。因此说，调节作物播栽期，可以减轻某些病虫的为害程度。

94. 肥料施用与作物病害的发生有关系吗?

一般人看来，作物的施肥与防病是农业生产上风马牛不相干的两项工作，其实不然，无论是施用肥料的品种、时间，还是施用数量都与某些作物病害的发生发展有着密切的关系，主要有以下几点：

（1）肥料施用不足　施肥不足不但可导致作物产生相应的缺素症，还可诱发一些病害的发生。

①缺钾会导致作物体内代谢紊乱、失调，叶片不能正常生长，营养的制造与运输能力明显下降。茎秆细小、柔弱，节间变长，易倒伏。植株抗病、抗旱、抗寒、抗涝力下降。水稻易染赤枯病、胡麻叶斑病、稻瘟病；小麦易发生纹枯病、赤霉病、锈病和白粉病。

②缺硼会导致作物顶端生长受阻而枯死，叶片增厚变脆、皱缩，出现坏死斑点，茎和叶柄表面增厚并木栓化，花药萎缩，花粉异常，花粉萌发与花粉管伸长受阻，花瓣色素消失，落花或花而不实，果实肉质出现褐色斑点等。

③水稻、麦类等作物缺硅会导致植株茎、叶生长软弱，下披，易感染稻、麦纹枯病和稻瘟病。

（2）肥料施用过多　施肥过多会造成作物生长过旺而加重一些病害的发生和流行。如氮肥施用过多会造成稻麦类作物生长过旺，分蘖过多，叶片肥大，茎秆细软，田间郁蔽度高，体内游离氨基酸增加，抗病力减弱，病菌侵染机会增多，从而加重小麦纹枯病、白粉病、水稻纹枯病、恶苗病、稻曲病等病害的发生和流行；玉米磷素过剩时，叶片呈现生理性缺绿症（引起玉米缺锌产生“白苗病”）。

（3）肥料施用过迟　施肥过迟将加重某些病害的发生程度。如水稻过迟施用氮肥，造成稻株后期旺长、恋青，延迟抽穗，会加重叶瘟和穗瘟的发生。

（4）施用带病残株而未腐熟的农家肥　容易导致这部分病害的再传播和再流行。如小麦纹枯病、水稻纹枯病、油菜菌核病等均可因此而发生。

所以说，施用肥料不仅与作物病害的发生和防治关系十分密切，而且是作物健身强体，控制、减轻病害的重要技术措施。

95. 肥料施用与作物害虫的发生有关系吗？

肥料施用量的多少及施用时间的早迟将影响作物体内物质的代谢和叶色、株形的表现，这些都会影响作物害虫的发生和为害。

（1）氮肥施用过多或偏施氮肥，使稻苗徒长或披叶，叶色浓绿，稻株内稻酮和游离氨基酸的含量过多，有利于诱集水稻三化螟、稻纵卷叶螟、稻飞虱等的迁入、发生和为害。三化螟、二化螟会因稻株内稻酮含量丰富，而被大量诱集产卵、造成为害。据调查，在三化螟大发生年份，凡施氮肥多的稻田，稻株生长嫩绿，田间三化螟蛾量大，卵块密度大，幼虫发生量大，为害重。稻纵卷叶螟、稻螟蛉、稻苞虫会因稻株内游离氨基酸的含量丰富，而易被大量诱集迁入产卵，同一生育期的水稻，生长嫩绿的着卵量比一般田要高几倍，甚至十几倍，这样的稻株更有利于幼虫卷叶、啃食、结苞，使为害加重。稻飞虱（包括灰飞虱、白背飞虱和褐飞虱）也会因稻株内游离氨基酸的含量丰富易被诱集迁入为害，而且稻株内游离氨基酸含量的增加，还为稻飞虱的生长发育提供了丰富的氮素营养，进一步促进稻飞虱的增殖和为害。

（2）水稻中后期过迟施用氮肥，会导致水稻贪青迟熟，这有利于诱集稻纵卷叶螟、褐飞虱的迁入为害。

（3）同一类水稻田，追肥过多、过迟或不匀，导致水稻抽穗期参差不齐，将拉长三化螟的为害期而受害较重。

96. 如何通过合理施肥来控制作物病虫害的发生与为害?

①化学氮肥应因土制宜，合理安排生育前、后期比例，注意氮、磷、钾等肥料的科学搭配，避免偏施氮肥，有条件的地方以农家肥为主，并根据苗情合理追肥，切忌生长中后期大量施用氮肥。

②施用农家肥，应当让其充分腐熟后再施用，以防将未腐熟的带病残株带入田间，导致一些病害的再传播和再流行。

③根据土壤养分状况、作物营养特性和各种营养元素与作物病虫害发生的关系，通过合理施肥，协调供应作物所需要的营养，增强植物的抗性，在病虫害发生的前一阶段，作物施肥管理时通过适时合理增减相应元素肥料，达到控制、减轻病虫害发生为害的效果。

④禾本科作物，增施硅肥，可以增强抗病虫害能力。水稻等作物施用硅肥，吸收硅元素后形成比较坚硬的硅化细胞，使作物表层细胞加厚，角质层增加，病菌难以侵入；同时增加茎叶中的硅酸含量，叶面硅化细胞数增多，使害虫不易啃食或刺吸，同时还会产生一种令害虫讨厌的气味，令它们远离作物，从而减少病虫害，降低农药的防治及由此带来的农药污染。

⑤对已发生病毒病害的（如小麦梭条花叶病、小麦丛矮病等），在发病初期及时追施速效氮肥，配合施用磷钾肥，可促进生根，快出新叶，增强植株抗（耐）病能力，促进恢复生长，减少产量损失。

97. 排水、灌水对病虫有控制作用吗?

适时排灌可迅速改变农田的环境条件，对于生活在土壤中、土表及植物茎基部的害虫往往可起到显著的抑制作用。如麦田冬春灌溉，可大量消灭麦蜘蛛；水稻二化螟化蛹前期排出稻田水，可使其在稻茎内的化蛹部位降低，而当化蛹盛期，放深水 3 天可淹死85%以上的虫蛹；稻飞虱大发生时，排水晒田可抑制其发生。开沟排水、降低地下水位、小水勤灌，控制田间湿度，有利于控制多种真菌、细菌病害。

98. 怎样正确认识作物的抗性?

选用抗病虫作物品种比其他防治方法更经济、更易推广，尤其对于那些用其他措施难以防治的病虫害更是如此。但抗性品种的利用也存在一些局限性，如人们一般选育抗病虫品种多是针对一种主要病虫害，而较少考虑次要的或很少引起人们关注的病虫害，实际上也很难在一个品种上集中对多种病虫害的抗性。当抗主要病虫害的品种大面积推广以后，不要几年一些次要病虫害又会发展成主要病虫害。另外，抗病虫害的作物往往与高产优质的性状不一定吻合。

99. 抗性品种如何分类?

按作物抗害程度可将抗性品种划分为免疫、高抗、中抗、中感和高感。免疫指绝对不会受病虫侵害。对高抗至高感的描述，根据不同病虫害分别以为害症状、遭受的产量损失程度等，有不同的分类标准。

按作物对病原物生理小种的选择可分为垂直抗性和水平抗性。垂直抗性是指抗病品种只对某些病原物生理小种具有抗性，抗性比较强，鉴别寄主往往表现为过敏性反应，生理小种变异则品种会很快丧失抗性，抗性只能保持几年。水平抗性是指抗病品种对病原物的所有生理小种都有一定抗性，但抗性不强，鉴别寄主往往表现除过敏之外的其他抗性反应，生理小种的变异不会导致抗性丧失，抗性往往维持几十年。

按作物抗虫遗传机制，又可分为三类典型的抗虫方式：①抗选择性。指由于寄主作物的形态、生理生化、微生态条件等影响，使得某种昆虫产生拒食、不去产卵或不去栖息。②抗害性。

指作物品种中含有“有害”化学物质，或缺乏必要的营养物质，或虽有营养物质而难以为害虫所利用，或由于对害虫产生不利的物理、机械影响等，使得害虫虽然能在作物上取食，但不能正常生长发育和繁殖。③耐害性。作物虽然受害，害虫也可正常发育和繁殖，但植株可容忍、可补偿因虫害造成的损失，而不致显著影响产量。

100. 选用抗病虫品种应注意哪些问题?

在利用抗病虫品种中，既要充分认识到它的局限和不足，又要最大限度地发挥抗病虫品种在综合治理中的作用，与其他防治措施进行有机结合，在有害生物综合治理体系中，并不一定要求品种对病虫有极高的抗性，而是如何与其他防治措施相协调。而且，抗病虫良种的抗性不是固定不变的，一方面作物本身可能在栽培过程中或不同的环境条件下发生变异，引起抗性降低，另一方面病原生物、害虫也会发生变异，产生侵染力强的新生理小种和侵害性强的害虫新生物，使原来抗病虫的品种丧失抗性。在生产实践中，必须注意品种抗性的变化和不断选用新的抗病虫品种。另外，各地自然条件和病原菌生理小种、害虫生物型不完全相同，使品种的抗性表现出地区性差异，在向外地引种时应加以注意。

101. 农田杂草防除中常用的农业防治措施有哪些?

农业措施防除杂草是指利用农田耕作技术、栽培技术和田间管理等措施防止草害，降低其为害程度。常用的农业防治措施有：

（1）作物轮作　作物轮作是农业措施防除杂草的主要方法。通过作物轮作，首先可以改变杂草已适应了的生态环境，其次根据不同作物的生育习性、种植方式不同，均可防止和降低一些伴生杂草的发生。例如水稻改种大豆，即水旱轮作，使适应水生或湿生环境的杂草如稗草、眼子菜难以生存而被汰除。相反，旱改水轮作，同样可以汰除部分旱生杂草如野燕麦、毒麦等。

(2) 土壤耕作　改变耕作方式也是一项重要的农业防治措施。土壤耕作措施包括基本耕作（耕翻、深松）、表土耕作（耙地、旋耕、镇压、开沟、作畦、起垄）与中耕（中耕、培土）等，这些耕作措施均能不同程度地毁坏杂草幼芽和植株以及切断多年生杂草的营养繁殖器官，达到不同的防除效果。

(3) 合理密植　合理密植主要是利用作物自身群体的结构优势，表现出强大的竞争力。适当改变行距或株距都可起到抑制杂草发生的作用。

另外加强灌溉等田间管理，及时清除田边、道旁、沟渠、田埂、荒地、防护林等地的杂草，切断杂草的来源。施用充分腐熟有机肥料，播前精选良种，严格调种，把好检疫关，均可防止杂草种子侵入农田造成为害。

102. 什么是植物检疫?

植物检疫是运用技术的手段，通过法律、行政的措施，防止危险性植物病、虫、杂草和其他有害生物的人为传播，保障贸易的正常交往，保护农业、林业的安全生产，保持区域性生态平衡的一项法制措施，又称法规防治。

103. 植物检疫的目的和任务是什么?

植物检疫的目的是防止危险性病、虫、草传播蔓延，保障农业生产和保证对外贸易顺利开展。

植物检疫的主要任务是根据国家颁布的法令，设立专门机构，对国外输入或国内输出及在国内地区之间调运种子、苗木及农产品等进行检验，禁止或限制危险性病、虫、草随种子、苗木及包装物、运输工具等传入或传出；一旦传入则及时就地消灭，并严加封锁，防止向其他地区蔓延扩展。

104. 植物检疫与其他防治措施有什么不同之处?

植物检疫与其他防治措施的不同之处在于：首先，植物检疫的对象与一般防治的对象不同。一般是国内和本地区没有发生或少有分布的，而且是国家或本地法规所列的危险性病、虫、草害，且一旦传入可能引起重大经济损失、生态失衡。其次，植物检疫的方法、内容有别于其他防治措施。检疫是以法规为准绳，以事实为依据，通过技术的检测和依靠各行政部门的通力合作，执行国家法令，拒有害生物于国门外或本地区之外的一种强制手段，所研究的重点是及时掌握和了解国内外危险性有害生物的分布、发生、为害情况等情报信息资料，对这些有害生物做风险性评估分析，并在此基础上做出检疫决策。同时有针对性研究这些有害生物的生物学特性，研究确定检测技术与鉴定标准、处理方法等。被检生物往往具备体型小，难发现，危险性大，繁殖力强，抗逆性强，难以防除等特点。

105. 植物检疫包括哪几类检疫?

植物检疫分为对外检疫和对内检疫两类。

对外检疫又分为进口检疫和出口检疫两种。对外检疫是指国家在对外港口、国际机场以及其他国际交通要道设立检疫机构，对进出口及过境物品、运载工具等进行检疫。

对内检疫是指防止国内已有的危险性病、虫、草害从已发生的地区蔓延扩散。由各省、市、自治区检疫机构会同交通、邮政及有关部门，根据政府公布的国内检疫条例及检疫对象，进行检疫。

106. 检疫对象的确定要具备哪些基本条件?

检疫性有害生物种类的确定要根据各国实际发生的现状和当地的环境条件来决定。检疫对象的确定要具备以下基本条件：

（1）局部地区发生的 已发生区称为疫区，未发生区称为保护区。检疫的目的是防止危险性病、虫、草害从疫区向保护区扩大为害，如已普遍发生，则无检疫的必要。

（2）主要由人为因素进行远距离传播的 只有人为因素造成远距离传播的病、虫、草害，才有实行检疫的可能性。

（3）危险性的 只有对农林生产造成巨大损失的危险性病、虫、草害才列为检疫对象。

（4）法规所定的 是由国家、地区的法规要求，国际会议及政府协定等所规定的。

107. 实施检疫处理的基本原则是什么？

实施检疫处理应遵循一些基本原则：检疫处理必须符合检疫法规的有关规定，有充分的法律依据；处理措施应当是必须采取的，应设法使处理所造成的损失降低到最小；处理方法必须完全有效，能彻底除虫灭病，完全杜绝有害生物的传播和扩散；处理方法应当安全可靠，不造成中毒事故，无残毒，不污染环境；处理方法还应不降低植物和植物繁殖材料的存活能力和繁殖能力，不降低植物产品的品质、风味、营养价值，不污损其外观。

108. 什么是生物防治？

生物防治就是利用有益生物或生物代谢产物来防治病虫草等有害生物的防治。利用天敌昆虫、微生物和其他有益生物防治害虫，利用微生物及其代谢产物防治作物病害和寄生生物等。

109. 生物防治有何优缺点？

优点是：①对人畜安全，不污染环境。天敌控制有害生物本来是自然现象，在农田生态中注意保护和利用天敌，可以维持生态平衡，对有害生物有长期抑制作用；②对有害生物不会产生抗性。天敌是农田生态中潜在的自然再生资源，可充分利用这一丰富资源。

缺点是：①杀虫作用缓慢，大多数天敌对有害生物选择范围窄，对猖獗暴发性害虫及多种害虫同时并发难以迅速奏效；②天敌的保护利用技术难度较大，往往需要人工大量繁殖，而释放到田间后又会受到气候等环境因素的影响。

110. 为什么田间现有天敌难以控制害虫的猖獗为害？

在自然状况下，凡有害虫发生，均有一定数量的多种天敌同时并存。但由于环境条件的影响，常不足以控制害虫的猖獗为害。环境条件包括气候、生物和人为的影响，例如越冬死亡，寄主缺乏、食料不足、人为伤害等。特别是近年来，许多地区因为不适当的施用化学农药，大量杀伤天敌昆虫，导致某些害虫大发生。

111. 如何保护本地天敌昆虫？

如果对天敌的习性和发生规律有足够的了解，并能给予适当保护，排除不利因素，创造适宜的环境条件，减少或避免对天敌的伤害，则其数量增多，食虫量也相应增加，就能不同程度的控制害虫的发生为害。保护本地天敌昆虫，应根据对其影响最大的环境因素，制订相应的保护措施。目前对天敌影响最大的环境因素是不合理的农药使用。因此，合理使用化学农药，注意化学防治与生物防治的协调应用，是保护本地天敌昆虫的重要措施。

(1) 选择药剂种类　要选择对天敌昆虫伤害轻的化学农药。一般药效期短的、残毒作用小的或具有内吸作用的杀虫剂对天敌的影响较小。

(2) 选择使用浓度　对害虫有一定的防治效果，而对天敌没有很大影响的浓度，称为有效低浓度。选用有效低浓度施药，不仅可以保护天敌，还能节省农药，减少污染。

(3) 选择施药适期　通过田间调查，掌握害虫和天敌的情况，选择对害虫有效而对益虫伤害较小的时期施药。

（4）选择适当的施药方法 防止天敌昆虫中毒，在很大程度上决定于施药方法。一般毒饵对天敌昆虫最安全；种子处理、土壤施药、树干敷扎、涂茎、撒施毒土或颗粒剂等，可以避免或减少对天敌的不良影响；喷雾比喷粉安全。

112. 什么是物理机械防治？有哪些方法？

利用各种物理因子、机械设备来防治作物病虫草害称为物理机械防治。目前常用的方法有捕杀、诱杀、阻隔，利用温、湿度、光、电能等。

（1）捕杀 利用害虫的生活习性或生物学特性，如群集性、假死性和潜伏性等，有目的地摘除虫果、虫叶和虫囊等，或用简单器具振落捕杀金龟子，挖掘捕捉地老虎，钩杀天牛幼虫等。

（2）诱杀 利用害虫的趋性及其他习性诱集后集中捕杀。主要有灯光诱杀，如利用波长 365 纳米的 20 瓦黑光灯或与日光灯并联，下接捕虫器或旁加高压电网进行诱杀；黄盆诱杀，如利用蚜虫的趋黄色光谱设置黄盆，内放洗衣粉诱杀，或用黄色黏虫板悬挂诱杀。

（3）阻隔 根据病、虫、草害的发生特点，设置障碍物，阻止病、虫、草害的入侵为害。如果实套袋可防果树、蔬菜病虫的直接侵入，粮仓内粮囤表面覆盖草木灰或惰性粉可阻止仓虫的入侵，蔬菜地设置防虫网可防蔬菜害虫入侵，覆盖地膜可阻止一些杂草的为害等。

（4）利用温、湿度 升高或降低温湿度以超出病、虫、草害适应范围而起到杀灭作用。如暴晒、热水烫种、热蒸汽熏蒸苗木、可杀灭种子、苗木中病虫；高温炒土，可杀灭苗床土壤中有害生物；高温闷棚，有意识地调节棚内温湿度，可杀灭及控制设施栽培作物中病、虫、草害；低温冷冻可杀灭和控制仓储农产品中病虫害；经高温或低温处理的害虫可引起不育来达到防治目的等。

（5）利用光、电、能　用红外辐射、闪光照射及射线的放射能等可造成害虫不育，并在隔离区大量定期释放雄性不育害虫，可达到害虫杀灭的目的；利用适当的激光波长可选择性杀死害虫；利用高频电流可杀灭隐蔽病虫，如储粮害虫及木材的松材线虫等。

113. 化学防治的特点是什么？

利用化学农药防治作物病虫草等有害生物的方法称为化学防治法。它的特点是见效快、效果显著、使用方便、不受地区和季节限制等，适于大面积防治，是有害生物综合治理中不可缺少的一环，有其他防治措施无法替代的优点。但它也存在一些缺点，主要表现在：一些剧毒农药引起人畜中毒；有些农药残留，污染环境，成为公害的主要原因之一；长期使用某些农药，会引起有害生物产生抗药性；杀伤有益生物，如杀伤害虫天敌会引起次要害虫上升和某些害虫再猖獗。

114. 农作物病虫草在什么情况下需要进行化学防治？

病虫草的治理不一定要赶尽杀绝，从可持续发展的观点来看，保留一些病虫草可以以害养益，维持生态生物多样性和遗传多样性，达到变治为控、化害为利的目的。因此，田间发生病虫草时，不一定都要进行防治，只有在受害的经济损失大于防治费用时才有必要采取防治措施，也就是说，任何一种病虫草要达到一定的防治指标时，才有必要进行防治。

115. 哪些因素影响化学防治效果？

影响病虫害化学防治效果的因素主要有药剂本身的性质、防治对象、环境条件和施药技术四个方面。

116. 为什么说农药性质是决定防效的主导因素?

药剂的化学性质是决定毒力的基础，物理性质决定药剂在作物表面的附着能力，它们共同影响着药剂进入作物、害虫、螨类、病菌、杂草体内的能力，因此，药剂的性质是影响防治效果的主导因素。

117. 药剂的哪些理化性质与防治效果密切相关?

与防治效果关系密切的理化性质有溶解性、稳定性、挥发性、湿润展布性、粉粒细度和雾点大小等。

(1) **溶解性** 药剂的溶解性是指水溶性和脂溶性。由于害虫的体壁和消化道壁、植物的表皮、病原菌的细胞膜都是由一定的亲脂性和一定的亲水性的物质组成的，所以多数化学农药都是既有高度脂溶性又有一定水溶性的物质，仅程度上有所不同。化学农药的这种溶解性，是药剂进入生物体的必备条件。

(2) **稳定性** 药剂的稳定性与使用后在农作物上的药效持久性以及农副产品上的残留量等有关。多数化学农药遇碱分解，加工和使用时不能与碱性物质混合。有些品种遇光、遇热、遇湿易分解，往往药效期短。

(3) **挥发性** 药剂的挥发性强，熏蒸作用好，在作物上的残留量小，但药效期短。这类药剂在农作物接近收获期及果树、蔬菜上使用，较为安全。

(4) **湿润展布性** 喷雾、泼浇等对水使用的药剂，都必须有较好的湿润展布性，才能发挥药效。所以农药在加工过程中必须加入一定量的湿润剂或乳化剂等表面活性物质，以提高湿润展布性。

(5) **粉粒细度和雾点大小** 粉粒要求一定细度，才能发挥药效。在一定范围内，粉粒愈细，覆盖的面积愈大，愈均匀，附着力也较强，药效高。粉粒过大，覆盖面小，易滚落。但是粉粒过小，易随空气的流动而飘移，药效也不好。

118. 为什么要根据不同的防治对象选择药剂？

各种病菌、害虫、杂草，其机体构造、生理机能、生活习性不同，对药剂的敏感性或抵抗力差异很大。同一种药剂对不同防治对象的药效不同；同一种防治对象对不同的药剂也表现出不同的抵抗力。此外，同一种病菌、害虫、杂草的不同发育阶段，其形态结构、生理机能、生活习性并不完全一样，对药剂的抵抗力也有显著差异。如害虫的卵期、蛹期，病菌的休眠期，杂草的种子对药剂的抵抗力强；害虫的幼虫期，尤其是低龄幼虫，病菌的孢子萌发期，杂草的苗期对药剂的抗性则弱。因此，针对防治对象选择合适药剂，是确保防治效果的先决条件。

119. 环境条件如何影响防治效果？

环境条件的改变，能影响病菌、害虫、杂草的生理活动和药剂的理化性状，从而影响药效。环境条件主要是温度、湿度、光照、风、土壤等。

高温使害虫的活动强度加大，呼吸强度也增加，接触药剂的机会多，利于挥发性农药从气门进入。高温时杂草吸收水分、养分和光合作用均较旺盛，除草剂被吸收和传导也较快、较多。

空气湿度大时，植物叶面的气孔张开，有利于药雾的进入，同时喷在植物表面的药液干燥过程较慢，有利于药剂的被吸收。但也有一些药剂空气湿度小时防治效果好，如除虫菊酯类和一些杀螨剂。湿度大利于喷粉，使粉剂黏着较好。露水大时喷雾会冲淡浓度，药效降低。适量的雨水对旱地施用土壤处理剂发挥药效有好处，而对茎叶处理剂施后不久降雨一般都会降低药效。

大风影响喷药作业，造成雾滴飘移，施药不匀，降低药效，容易引起药害。大风时喷粉影响药剂的沉积量，因此大风天气不宜进行喷药作业。

光影响药剂的稳定性，如辛硫磷遇光易分解。但对于需光的除草剂来说，光照是发挥除草剂活性的必要条件。

120. 土壤质地、有机质含量对土壤处理剂的防治效果有影响吗?

土壤质地、有机质含量等因素直接影响到土壤处理剂在土壤中吸附、降解速度、移动和分布状态，从而影响药剂的防治效果。黏性土壤及有机质含量高的土壤，其胶体的吸附能力强，施入土壤中的药剂被吸附的比较多，药效下降，因此在推荐剂量范围内须用高量，以保证防治效果；而沙性土壤与有机质含量低的土壤，其吸附能力较弱而易产生淋溶，因此要用推荐剂量中的低量，以避免药害。

121. 在水田使用除草剂为什么要保持一定时间的水层?

在水田使用除草剂常常要求保持一定时间的水层，能使除草剂分布均匀和有利于被植物吸收，对于一些易挥发的除草剂，保水还能减少其挥发损失。过早脱水会影响药效，漏水田效果更差。但是如遇大雨，田间积深水，又会产生药害。因此用药后必须做好“平水缺”，以保持适当的水层深度。

122. 在旱地使用土壤处理剂，为什么一般要求有较高的土壤湿度?

在旱地使用土壤处理剂，一般均要求有较高的土壤湿度，才能很好发挥药效。因为这些除草剂的水溶度一般都比较低，必须经常供给一定的水分，才能不断地少量溶解供植物吸收。在干旱的情况下，施入土壤的除草剂往往大量地被土壤胶体牢牢吸附，不能发挥作用；而在土壤湿度充分的情况下，却能起到解吸附作用而将除草剂释放出来供植物吸收。但是，土壤湿度也不是越大越好，当湿度过饱和以至积水时，许多除草剂会淋溶到土壤下层作物的根部，引起药害。因此田间须有良好的灌排系统，既可在干旱时沟灌洇水，又可在水分过多时及时排水降渍。

123. 整地质量与土壤处理剂药效的发挥有关系吗?

整地质量对于土壤处理剂药效的发挥关系密切，这一点常常被人们所忽视。因为整地质量直接影响药剂在土壤中的分布，所以要求将地面整平，土块整细。这样，施药后才能形成均匀而严密的药土层，起到封闭杀草的作用。水田尤须整平，否则高处露出水面除草效果不佳，低处水深又容易产生药害。

124. 哪些因素影响化学防治的效果?

①防治时间：任何一种病虫都有一个适宜的防治时间，防治时间偏早，打不着病虫，时间偏迟，打不掉病虫。②用药品种：防病治虫最关键的一点就是对症下药，尽管防治时间准确，但用药品种不对路，同样达不到防治效果，而且又浪费成本。③用药量：有些农户购买农药，只看价格，不看农药含量，习惯于购买价格便宜而农药含量严重不足的农药。④用水量：防治时敷衍了事，一公顷田只用 300～450 千克水，药液很少到达植株中下部，远远达不到对纹枯病、稻飞虱等中下部病虫的防治要求。⑤喷雾方法：农户不能针对不同的防治对象采取相应的喷雾方法，如防治稻纵卷叶螟时，必须喷细雾才能确保防治效果，然而农户都习惯于拿掉喷头喷粗雾，叶片上的农药附着量很少，防治效果很差。

第三章　农药使用的基本知识

第一节　农药的识别

125. 什么是农药？如何理解农药的双面性？

农药是指用于防治有害生物的化学物质，包括提高这些药剂效力的辅助剂、增效剂等。一些非杀生性农药，包括昆虫生长调节剂或影响昆虫生殖行为以及生物学特性的不育剂、性引诱剂、驱避剂和拒食剂等，也都属于农药的范畴内。

农药是一种用于防治病虫草和调节植物生长的物资，从本质上来讲它们是一种具有某种毒性的物质，因此，应充分认识农药的双面性。使用得当可以起到保护植物、提高农作物产量和改善品质的良好效果；使用不当则不但不能充分发挥农药应有的作用，反而会造成为害。

126. 什么是农药的剂型与有效成分？

农药在使用时具有的组成和加工形态，称为农药的剂型。农药中具有生物活性的主要成分，称为有效成分。

127. 农药如何分类？农药剂型如何分类？

按防治对象农药一般可以分为杀菌剂、杀线虫剂、杀虫剂、杀螨剂、除草剂和杀鼠剂等。

农药的剂型按照组成分为原药、单剂、混剂三类；按照使用形态分为粉剂（DP）、粒剂（大粒剂 GG、颗粒剂 GR、细粒剂 FG、微粒剂 MG）、可湿性粉剂（WP）、胶悬剂及胶体剂（SC）、乳油（EC）、水乳剂（EW）、种衣剂（SD）、微胶囊剂（CG）、烟剂（FU）等。

128. 杀菌剂防治病害的原理是什么?

杀菌剂防治病害的原理主要有保护、治疗和免疫三个方面。保护是指植物未发病前喷布药剂以防止病菌侵入；治疗是指植物发病后喷布药剂而阻止病害继续发展，使植物恢复健康；免疫是指应用化学物质提高植物对病菌的抗性，以免于发病。

129. 杀菌剂分为哪几类? 各类杀菌剂的特点及防治对象是什么?

常用杀菌剂可分为无机、有机、内吸和抗菌素等剂型。

无机杀菌剂主要有：

（1）波尔多液　是由硫酸铜和生石灰配制而成的胶悬剂，有黏着力强、不易被雨水冲刷、残效期长达15～20天等优点。因为是保护剂，应在病菌侵入寄主前施用，根据作物及防治对象不同而有多种配合使用量，通常有等量式（硫酸铜、生石灰、水的配制比例为1∶1∶100）、倍量式（0.5∶1∶100）、半量式（1∶0.5∶100）等，对多种真菌病害如霜霉病、绵腐病、炭疽病、猝倒病有效。

（2）石硫合剂　由生石灰1份、硫黄2份和水20份煮制而成，使用浓度要根据作物、防治对象、天气条件而定，可防治白粉病、锈病、多种叶斑病，对细菌引起的水稻白叶枯病有防效。

有机杀菌剂主要有：

（1）有机硫杀菌剂　具有高效、低毒，对人、畜、植物安全及广谱等特点。如代森类和福美类可防治水稻、果树等多种病害；克菌丹和灭菌丹等可防治根腐、立枯等多种土传病害，也可用于种子、土壤消毒。

（2）有机砷杀菌剂　主要种类有田安、稻脚青及退菌特，可防治水稻纹枯病、小麦白粉病等。由于砷在人体内有积累性中毒及破坏土壤理化性质，目前已逐步被禁止及限制使用。

内吸杀菌剂：内吸杀菌剂具有被作物吸收并在体内输导的性能，因此对侵入到作物体内的病菌有很好的抑制作用，有些品种还兼有增产和优质的作用。主要有：

（1）有机磷杀菌剂　主要品种有稻瘟净和克瘟散等，可防治水稻稻瘟病、小粒菌核病和玉米大小斑病，并能兼治稻飞虱和叶蝉。

（2）苯并咪唑类　杀菌谱广，有明显向植株顶端输导的性能，可用于喷叶、拌种、灌施等，可防治赤霉、黑穗、菌核等子囊菌多种病害。主要品种如多菌灵、甲基托布津、抑霉唑等。

（3）羧酰替苯胺类　主要品种如萎锈灵、邻酰胺等，是丝核菌、黑穗菌、锈菌的种子和土壤消毒剂，甲霜灵对霜霉、疫霉和腐霉等病害有效。

（4）甾醇抑制剂　甾醇是菌体细胞膜组成物，这类杀菌剂起甾醇的抑制作用，并有向顶端传导及熏蒸作用，具杀菌谱广、施药量低、药效期长等特点，如粉锈宁对防治锈病有特效，三环唑、稻瘟灵防治稻瘟病有效，戊唑醇为防治禾本科作物纹枯病和黑穗病的种子处理剂，喷雾可防治白粉病、菌核病和纹枯病等多种病害。

130. 杀菌剂按作用方式可分为哪几类？

杀菌剂按作用方式可分为以下四类：

（1）保护性杀菌剂　在植物感病前施用，抑制病原孢子萌发或杀死已萌发的病原孢子，以保护植物免受病原菌侵染为害的杀菌剂。保护性杀菌剂有两种：一种是消灭病原侵染源，又称铲除剂，如石硫合剂等；另一种是在病菌侵入植物以前，把杀菌剂施到寄主表面，使其形成一层药膜，防止病菌侵染，如硫酸铜、波尔多液等。保护性杀菌剂可以具有内吸性或不具备内吸性，前者如三环唑，后者如铜制剂。

(2) 治疗性杀菌剂 当病原菌侵入农作物或已使农作物感病后，施用此类杀菌剂可抑制病原菌发展，使植物恢复健康，如多菌灵、苯菌灵、三唑酮等，治疗性杀菌剂多数具有内吸作用。

(3) 抗病毒剂 可以钝化病毒或抑制病毒 DNA 的复制而达到消灭和降低病毒数量的药剂。

(4) 土壤消毒剂 采用沟施、灌浇、翻混等方法，对带病土壤进行药剂处理，使土壤中的病原菌得以控制，以免作物受害。

131. 杀虫剂的作用方式有哪些？

杀虫剂的作用方式主要有：

(1) 胃毒作用 适合于防治咀嚼式口器害虫，药剂喷在植物表面或拌在饵料中，随害虫取食从口器进入消化道，经肠壁细胞进入血液起毒杀作用。

(2) 触杀作用 药剂喷洒在植物表面或虫体上，害虫接触后从表皮（体壁）经血液到达作用部位。

(3) 熏蒸作用 药剂以气体状态从气孔、呼吸道经体壁或血液到达作用部位。

(4) 内吸作用 适合于防治刺吸式口器害虫，药剂先由植物吸收传导，被昆虫取食后经口器进入作用部位。

另外还有驱避、不育、引诱、拒食和抑制昆虫生长等多种作用。

132. 杀虫剂按成分及来源分为哪几类？

按其成分及来源可分为：无机杀虫剂如砷酸钙、亚砷酸、氟化钠等；天然的有机杀虫剂如植物性的鱼藤、除虫菊、烟草等以及矿物性石油乳膏、葱油乳膏等。而大多为人工合成的有机杀虫剂，又分为以下几类：

(1) 有机氯类 如六六六、滴滴涕、氯丹等，因对人体产生积累性中毒及污染环境已被禁用。

(2) 有机磷类　有机磷类是发展速度最快、应用最广的一类杀虫剂，具有杀虫范围广、杀虫方式多和易降解等特点，但有的品种毒性较大，对人畜易产生急性中毒，应注意安全使用。敌百虫、敌敌畏、乐果和辛硫磷等为常用品种，均有广谱及胃毒、触杀等杀虫作用，其中乐果的内吸、敌敌畏的熏蒸、辛硫磷的光分解各具有杀虫特点。甲胺磷、甲拌磷、对硫磷等因为是高毒品种，现已禁用。稻丰散可防治水稻、蔬菜、果树上多种鳞翅目害虫及蚜虫。毒死蜱（乐斯本）可与其他农药混配防治多种鳞翅目、鞘翅目、同翅目和螨类害虫。

(3) 氨基甲酸酯类　该类杀虫剂大多数品种毒性比有机磷低，对鱼类安全。常用品种如西维因可与有机磷杀虫剂混用而增效；呋喃丹因毒性大，多使用颗粒剂、种子处理剂穴施，严禁喷施，对多种鳞翅目、鞘翅目、叶面及地下害虫有效，并能防治刺吸式害虫及根结线虫等；抗蚜威（避蚜雾）对抗性蚜虫有效，对蚜虫天敌安全；而叶蝉散等则对稻飞虱、叶蝉有效。

(4) 拟除虫菊酯类　该类杀虫剂是模拟天然除虫菊素的人工合成产物，如溴氰菊酯（敌杀死）、二氯苯醚菊酯（除虫精）和三氟氯氰菊酯（功夫）等以触杀、胃毒为主，可防治鳞翅目和双翅目等多种农林、卫生害虫，而联苯菊酯（天王星）等则对同翅目及害螨有效。

(5) 其他

沙蚕毒素类：对害虫击倒快、残效长，兼有拒食、杀卵等作用。主要品种有杀虫双、杀虫单、巴丹等。

特异性杀虫剂：这类药剂包括不育剂、几丁质抑制剂、蜕皮激素、保幼激素等，具有生物活性高、选择性强、对天敌和人畜安全等特点，因杀虫机理是抑制昆虫生长，因而杀虫缓慢。主要品种如伏虫脲、灭幼脲一号、定虫隆、农梦特和噻嗪酮等。其他还有吡虫啉、米螨、噻虫嗪等杀虫剂各有其杀虫特异功能，并对抗性害虫的防治起到了重要作用。

抗生素类：如阿维菌素、多杀霉素等为一类放线菌代谢物，也是高效、低毒和广谱的杀虫、杀螨剂。

133. 杀虫剂按作用方式可分为哪几类？

杀虫剂按作用方式可分为以下九类：

（1）胃毒剂 药剂随食物通过害虫口器食入后，在肠液中溶解或者被肠壁细胞吸收后到达致毒部位，致使害虫中毒死亡，如敌百虫、除虫脲、苏云金杆菌等，适于防治咀嚼式口器的害虫。

（2）触杀剂 当害虫接触到药剂时，药剂可通过虫体表皮渗入虫体内，使害虫正常生理代谢受到干扰或破坏某些组织致使害虫死亡，如氰戊菊酯、氯氰菊酯等，适于防治各种活动性较强的害虫。

（3）熏蒸剂 可经由害虫的呼吸系统，如气孔（气门）进入虫体内，使害虫中毒死亡。如磷化铝等，适于在密闭的环境中使用，防治隐蔽性较强的害虫。

（4）内吸剂 药剂施到作物体上（根、茎、叶、种子），可被作物吸收到体内，并随着植株体液传导到植株各部位。如乐果、吡虫啉等。适用于防治刺吸式口器的害虫，一般对天敌的影响较小。内吸剂也起到胃毒作用。

（5）驱避剂 药剂本身无毒害作用，但由于其具有某种特殊气味或颜色，施药后可使害虫不愿接近或远避。如预防蚊虫的避蚊胺。

（6）拒食剂 能使害虫在接触或取食此类药剂后，消除食欲，拒绝取食而饥饿死亡的药剂。如吡蚜酮。

（7）引诱剂 能引诱昆虫。包括两类：

①非特异性物质：如诱杀地老虎成虫的糖醋诱杀剂等。

②特异性物质：主要是昆虫信息素，包括性信息素和其他信

息素，又称为激素。主要用于测报，防治上主要适用于具有专化食性的害虫。

(8) 绝育剂　药剂被昆虫食入后，能破坏其生殖功能，使害虫失去繁殖能力。该类药剂目前应用很少。

(9) 杀卵剂　药剂与虫卵接触后，进入卵内降低卵的孵化率，或直接进入卵壳使幼虫或虫胚中毒死亡，或使卵壳变性导致不能顺利孵出。如灭多威、石灰硫黄合剂。

134. 除草剂的杀草原理是什么?

除草剂由于干扰或破坏了杂草的正常生理代谢致使杂草死亡，其机制是比较复杂的，多数除草剂的杀草作用并非只限于一种，而往往是几种共同作用的结果。这些作用主要有以下几方面：一是抑制光合作用，杂草不能制造新的养分，消耗掉贮存的养分以后便“饥饿”而死；二是破坏呼吸作用，抑制呼吸作用过程中的电子传递和能量转移，使呼吸成为无用的消耗，杂草终因缺乏能量，体内各种生理生化过程无法进行而导致死亡；三是干扰杂草激素的作用，打破了原有杂草激素的平衡，扰乱了杂草的生长和发育，导致杂草扭曲畸形。同时，由于干扰了杂草的正常生理代谢过程，使之产生一系列代谢紊乱的症状，严重时便使杂草全株枯死；四是干扰核酸代谢和蛋白质的合成，酶的合成受阻，细胞不能正常分裂，杂草的生长发育和代谢活动发生变异，生长停滞，杂草畸形，最终死亡。

135. 除草剂如何分类?

按对作物的选择作用，可分为选择性除草剂和灭生性除草剂。

按对作物的作用方式，可分为内吸传导性除草剂和触杀性除草剂两类。

按除草剂的使用方法，可分为土壤处理剂和茎叶处理剂。

136. 什么是选择性除草剂?

选择性除草剂是指杀死杂草而不伤害作物的除草剂。如盖草能应用于油菜田时，只能防除以看麦娘为主的禾本科杂草，而不伤害油菜植株。

137. 什么是灭生性除草剂?

灭生性除草剂又称非选择性除草剂。是指对植物的伤害无选择性，草苗不分，能同时杀死杂草和作物的除草剂。例如草甘膦、百草枯等。

138. 什么是内吸传导性除草剂?

内吸传导性除草剂是指可被植物的根系、芽鞘或茎、叶吸收进入植物体内，并通过输导组织传导至整个植株，产生毒杀作用的除草剂。苯氧羧酸类、三氮苯类、取代脲类以及百草敌、拉索、新燕灵、杀草丹、禾大壮、草甘膦等许多除草剂均属此类。

139. 什么是触杀性除草剂?

触杀性除草剂是指只在接触植物的部位发生作用，而不能在植物体内移动或移动极少的除草剂。因此施药时要求喷布均匀，并直接喷洒在杂草上才能取得良好的效果。如敌稗、百草枯等。

140. 什么叫土壤处理剂?

土壤处理剂是指在作物播种前、播种后（出苗前或出苗后）施于土壤中的除草剂。这类除草剂可被杂草的根、芽鞘或下胚轴等部位吸收而起作用。如异丙隆、乙草胺、异丙甲草胺（都尔）等。

141. 什么叫茎叶处理剂？

茎叶处理剂指在杂草出苗后，直接施用于杂草茎叶杀死杂草的药剂。如苯黄隆、炔草酸（麦极）、唑啉·炔草酸（大能）、精恶唑禾草灵（骠马）、氯氟吡氧乙酸（使它隆）等。

142. 什么是农药的毒力与毒性？农药毒性如何分级？

农药的毒力是指农药作用于目标生物体后，对生物体的损害能力。

毒性是指农药对人畜等的毒害程度，并不是代表对病虫的毒力大小。

毒性按我国分级标准可分为剧毒、高毒、中毒、低毒、微毒五级。

143. 什么是农药残留与残留量？什么是农药残毒？

农药残留是指农药使用后残存在生物体、农副产品、环境中的原药、有毒代谢物、降解物、杂质的总称。

残留量是指农药残存的数量，一般以毫克/千克来表示。

农药残毒是指农药的残留量超过规定的标准时，将会对人畜、作物和环境产生不良的影响或通过食物链对生态系统中的生物产生的毒害。有残留农药就存在残毒。

144. 高毒、高残留农药主要有哪些类型？其危害性如何？

（1）砷、铅类无机制剂　易造成中毒，且防治效果差。

（2）汞制剂　曾造成人畜食用被污染的稻米而中毒，在土壤中滞留时间长，易积累。

（3）内吸磷　易造成中毒。

（4）二溴氯丙烷、二溴乙烷　二者均能致癌。

（5）敌枯双　对生产者和使用者易造成严重的皮炎，危害接触者的安全。

(6) 六六六、滴滴涕 有机氯杀虫剂，难以分解，在环境中易积累。

(7) 杀虫脒 对人有潜在致癌危险。

(8) 氟乙酰胺 易造成人畜中毒，无特效解毒药。

(9) 毒鼠强 剧毒，易造成二次中毒。

(10) 除草醚 对人的安全性存在隐患。

(11) 氰戊菊酯和三氯杀螨醇 使用后分解慢，在茶叶中残留检出率高。

145. 我国对高毒、高残留农药有哪些限用规定?

国家明令禁止使用的高毒、高残留农药有：六六六、滴滴涕、毒杀芬、二溴氯丙烷、杀虫脒、二溴乙烷、除草醚、艾氏剂、狄氏剂、汞制剂、砷、铅类、敌枯双、氟乙酰胺、甘氟、毒鼠强、氟乙酸钠、毒鼠硅。还有农业部第 322 号公告，决定自 2007 年 1 月 1 日起，全面禁止在国内销售和使用含有甲胺磷、对硫磷、甲基对硫磷、久效磷、磷铵等 5 种高毒农药的产品在农业上使用。

在蔬菜、果树、茶叶、中草药材上不得使用的高毒、高残留农药有：甲胺膦、甲基对硫磷、对硫磷、久效磷、磷胺、甲拌磷、甲基异柳磷、特丁硫磷、甲基硫环磷、治螟磷、内吸磷、克百威、涕灭威、灭线磷、硫环磷、蝇毒磷、地虫硫磷、氯唑磷、苯线磷（注：三氯杀螨醇，氰戊菊酯不得在茶叶上使用）。

146. 五种高毒农药的替代产品有哪些?

替代五种高毒农药防治水稻害虫的有：三唑磷、毒死蜱、阿维菌素、呋喃虫酰肼、噻嗪酮、吡虫啉、吡蚜酮、烯啶虫胺、丁烯氟虫腈、阿维·毒死蜱、阿维·哒嗪硫磷、氯虫苯甲酰胺、稻丰散等。

替代五种高毒农药防治小麦害虫的有：啶虫脒、吡虫啉、抗蚜威、三氟氯氰菊酯、二嗪磷、辛硫磷等。

147. 无公害农产品生产适用农药主要品种有哪些?

(1) 杀虫剂、杀螨剂 生物制剂：苦参碱、烟碱、鱼藤酮、印楝素、苏云金杆菌、阿维菌素、甜核·苏云金杆菌、多杀霉素等。

合成制剂：有机磷类有敌百虫、敌敌畏、毒死蜱、三唑磷、辛硫磷、乙酰甲胺磷、丙溴磷、二嗪磷。拟除虫菊酯类有氯氟氰菊酯、氯氰菊酯、氰戊菊酯、溴氰菊酯。氨基甲酸酯类有丁硫克百威、异丙威、速灭威。特异性昆虫生长调节剂有噻嗪酮、除虫脲、灭幼脲、氟铃脲、氟啶脲、抑食肼、虫酰肼。

其他类杀虫剂、杀螨剂：吡虫啉、啶虫脒、氟虫腈、溴虫腈、杀虫单、杀虫双、甲氨基阿维菌素、哒螨灵、噻螨酮、单甲脒、双甲脒。

(2) 杀菌剂 无机杀菌剂：碱式硫酸铜、石硫合剂。

合成杀菌剂：多菌灵、代森锌、代森锰锌、福美双、百菌清、霜霉威、恶霉灵、恶霉灵·锰锌、霜脲氰·锰锌、乙霉威·硫菌灵、异菌脲、甲基硫菌灵、腐霉利、咪鲜胺、咪鲜胺锰盐、乙烯菌核利、嘧霉胺、三乙膦酸铝、腈菌唑、三环唑、三唑酮、三唑醇、噻菌灵、戊唑醇、烯唑醇、已唑醇。

生物制剂：春雷霉素、井冈霉素、宁南霉素、多抗霉素、链霉素。

148. 为什么拟除虫菊酯类农药不得在水稻上使用?

拟除虫菊酯类农药本是一种广谱性杀虫剂，具有速效、高效、低毒、低残留、对作物安全等特点，除对 140 多种害虫防治有特效外，有些拟除虫菊酯类农药还对地下害虫和螨类害虫有较好的防治效果。但拟除虫菊酯类农药也存在以下缺点：①拟除虫菊酯类农药能大量杀死稻田蜘蛛和黑肩绿盲蝽等稻飞虱的主要天敌，稻田用拟除虫菊酯类农药后在缺乏天敌控制的情况下，稻纵卷叶螟和稻飞虱等害虫的种群数量会报复性反弹，而且容易产生抗药性。②拟除虫菊酯类农药能刺激稻飞虱的繁殖力，增加产卵量和孵化率，使得用药区的稻飞虱种群数量超过非用药区，引起稻飞虱的再猖獗。③拟除虫菊酯类农药在常规剂量下不能有效杀死稻飞虱，或者只能杀死部分或大部分稻飞虱，而且药效期短，不能持续保持对稻飞虱的控制作用。

149. 为什么氟虫腈（锐劲特）要在水稻上停止使用?

自从甲胺磷等 5 种高毒农药禁用之后，氟虫腈已成为全国主要水稻产区防治稻纵卷叶螟、二化螟、三化螟等重大害虫的当家品种之一。但是氟虫腈也存在以下不良影响：①氟虫腈对蜜蜂和水生生物毒性很大，对环境不友好；②2008 年很多地方出现害虫对氟虫腈的抗性，氟虫腈对几种害虫的防治效果确实没有以前那样优秀；③另一原因可能是一些效果相当、而又无氟虫腈上述缺陷的新型药剂，如杜邦的氯虫苯甲酰胺、拜耳的乙虫氰、日本的与康宽类似的杀虫剂氟虫苯甲酰胺、大连瑞泽农药股份有限公司在氟虫腈基础上开发的新化合物，通用名为丁烯氟虫腈等的产品即将出品。因此，自 2009 年 7 月 1 日起在水稻上停止使用氟虫腈（锐劲特）。

150. 有人说“高毒农药等于高效农药”这句话正确吗?

所谓农药高毒是指农药对人畜的毒害程度高，并不代表对病虫的毒力大。农药高效是指农药对病虫的毒力大，即防治效果高，并不代表对人畜的毒害程度高。也就是说高毒农药并不等于高效农药。如甲胺磷这类农药是高毒农药，使用后农产品中残留量高，对人畜的毒害大，但因长期使用，害虫已产生明显的抗药性，防治效果已明显下降，因此要坚决淘汰这类药剂。

151. 什么是农药标签？农药标签有何作用？

农药标签是紧贴或印制在农药包装上的介绍农药产品性能、使用技术、毒性、注意事项等内容的文字、图示或技术资料。

农药的标签是农药使用的说明书，是购买和使用农药的最重要参考依据。农药标签上有关产品性能及用途的每项内容都有足够的研究和试验数据为依据，是生产厂家和公司试验结果的高度概括和总结，农药标签也是将有关的技术信息传达给广大农民和用户，指导安全合理用药的最重要最直接的方法和途径。另外，由于标签上的内容是经过农药登记部门严格审查并获得批准后才允许使用的，因此，在一定程度上具有法律效力。使用者按照标签上的说明使用农药，不仅能达到安全、有效的目的，而且也能起到保护消费者自身利益的作用。如果按照标签用药，出现了中毒或作物药害等问题，可向有关管理部门投诉或法院起诉，要求赔偿经济损失，生产厂家或经销单位应承担法律责任。反之，不按标签指南或建议使用农药，出现上述问题，则由使用者自己负责。由此可见，农药标签对于广大农户无论是在技术上，还是在维护自身利益方面都是十分重要的。

152. 农药标签至少应标注哪些内容？

农药标签至少应标注以下 14 项内容：即农药名称，有效成分含量和剂型，批准证（号），性能，用途、使用技术和使用方法，净含量，质量保证期，毒性标志，注意事项，中毒急救措施，贮存和运输方法，生产者的名称和地址，农药类别特征颜色标志带，象形图等内容。

153. 农药名称、含量、剂型在标签上标注有何要求？

农药产品名称应在标签上的显著、突出位置，书写在同一行（除因包装尺寸的限制无法同行书写，可以分行书写外），字体、字号、颜色一致，不能是草书、篆书等不易识别的字体，不能有斜体、中空、阴影等形式对字体进行的修饰，字体颜色与背景颜色应有强烈的反差；有效成分含量和剂型标注于农药名称的正下方（横版标签）或正左方（竖版标签），字体、字号、颜色应当一致，字体高度不小于农药名称的二分之一。

154. 农药批准证（号）包括哪些内容？

批准证（号）包括在我国取得的农药登记证号或农药临时登记证号、农药生产许可证号或者农药生产批准文件号、产品标准号。直接销售的国外进口农药产品，可以无农药生产许可证号或者农药生产批准文件号、产品标准号。

155. 为什么要重视农药标签上的注意事项？具体有哪些内容？

在使用农药前仔细阅读标签上的注意事项，对确保农药使用的效果和安全性是至关重要的。

注意事项包括以下内容：

①使用安全间隔期及农作物每个生产周期的最多使用次数。

②农药限用的条件（包括时间、天气、温度、湿度、光照、土壤、地下水位等）、作物和地区（或范围）。

③对后茬作物的影响，后茬能种植的作物或后茬不能种植的作物、间隔时间。

④引起抗药性的原因和预防方法。

⑤对有益生物（如蜜蜂、鸟、蚕、蚯蚓、天敌及鱼、水蚤等水生生物）和环境容易产生的不利影响，使用时的预防措施。

⑥该农药与哪些农药物质不能混合使用。

⑦正确的开启方法。

⑧施用时应当采取的安全防护措施。

⑨施用器械的清洗要求、残剩药剂和废旧包装物的处理

方法。

⑩禁止使用的作物或范围。

156. 农药标签上的色带、毒性标志、象形图各代表什么意思?

农药标签上除了文字说明外，还有些含有特定意义的标志，正确理解这些标志的含义，有助于对标签更直观的理解。

(1) 色带　按照我国农药登记部门的规定，标签上必须至少有一条与底边平行的色带颜色来直接判断农药的类别。色带颜色红色为杀虫剂，绿色为除草剂，黑色为杀菌剂，蓝色为杀鼠剂，深黄色为植物生长调节剂。这些颜色分别代表的农药类别，避免误用农药。

(2) 毒性标志　为引起使用者的安全警觉，农药标签上印有毒性标志。根据我国农药急性毒性分级，农药毒性分为五级：剧毒、高毒、中毒、低毒、微毒，分别用“骷髅头”标识和“剧毒”字样、“骷髅头”标识和“高毒”字样、“菱形交叉”标识和“中等毒”字样、“低毒”标识、“微毒”字样标识标注。标识是黑色，描述文字是红色。

(3) 象形图　联合国粮农组织和国际农药生产者协会设计了一套农药标签象形图。我国农药登记部门对此建议持积极支持的态度，但目前对国产农药的标签尚未作明确要求，一些进口农药的标签上已采用了有关的象形图，这套象形图共 12 个，分为贮存、操作、忠告和警告四部分。

157. 怎样识别假劣农药?

假农药系指标出的农药名称与实际包装内的农药不符，以假充真。劣农药系指包装内的农药主要指标不符合质量标准。

假劣农药的辨识可从以下几方面进行：

一看外包装及内容物。劣质农药一般印刷质量不良或粘贴不好，包装物污渍严重。乳油、超低量乳油和水剂、水溶液剂、微乳剂等混浊不清，有分层和沉淀的杂质；水乳剂、悬浮剂等严重分层，轻摇后倒置，底部仍有大量的沉淀物或结块；粉剂和可湿性粉剂结块严重，手摸有硬块；片状熏蒸剂粉末化，烟剂受潮严重等。

二看标签。仔细阅读标签。对照标签的 14 项基本内容要求，检查各项内容是否全面；尤其是要“三证”（准产证号、生产标准号、农药登记号）齐全，查阅《农药登记公告》，看标签上的登记证号与公告里的是否相同，厂家是否为同一个厂家；登记的使用作物和使用剂量是否和标签所标明的一致；仔细观察农药的生产厂家和地址，对照电话区号本，确认联系电话的区号是厂家地址的区号，按照标签所标明的电话打电话核实。

158. 怎样巧购农药?

①根据作物的病虫草害发生情况，确定农药的购买产品，对于自己不认识的病虫草害，最好先向农技人员或携带样本到农药零售店咨询。

②仔细阅读标签，对照标签的 14 项基本要求进行辨别，最好查阅《农药登记公告》进行对照。

③选择可靠的销售商，一般农资系统、植保和技术推广系统以及厂家直销门市部的产品比较可靠，鼠药和高毒农药的销售，在部分地区需要有专销许可证。

④选择熟悉的农药生产厂家的产品，新产品应是在当地通过试验，证明可行的。

⑤对于大多数病虫草害，不要总是购买同一种有效成分的药剂，应该轮换购买不同的产品。

⑥要求农药销售者提供农药的处方单，购买农药时应索要发票、使用时或使用后如发现为假劣农药，应该保留包装物；出现药害，应该保留现场或拍下照片，并及时向农业行政主管部门或

具有法律、行政法规规定的有关执法部门反映，以便及时查处。

第二节　农药的使用

159. 选用农药品种时应注意什么问题？

目前，化学农药的研制已由广谱性向选择性方向发展，生产高效、低毒、低残留农药，以免伤害天敌及保护环境质量。因此，根据防治对象选择合适的农药品种就显得尤为重要。在选用农药品种时，一要注意防治效果，确保病虫草得到有效控制；二要注意不选用高毒、高残留农药，确保农产品质量安全；三要注意对天敌的杀伤力，以免伤害天敌；四是防治同一病虫时，要注意药种的更换，避免或延缓病虫产生抗药性；五要注意作物的敏感性，不可使用对作物敏感的农药，以防止产生药害。

160. 农药合理使用的原则是什么？

农药使用应遵循“安全、有效、经济、简便”的原则。一是对症下药；二是适时用药；三是合理掌握用药量和用药次数；四是严格控制安全间隔期，避免农副产品中农药残留超标；五是合理轮换用药，延缓病虫抗药性的产生；六是合理混用农药；七是选择适当的施药方法，喷药要均匀周到；八是注意保护环境及天敌安全。

161. 农药使用不当有什么后果？

农药使用不当可能导致以下后果：一是造成人畜中毒和有益生物中毒死亡；二是造成农副产品中农药残留污染；三是导致农作物发生药害；四是破坏生态平衡，导致有害生物的再猖獗；五是导致病虫草害产生抗药性；六是造成环境污染；七是增加农业生产成本；八是浪费农药，花钱不讨好。

162. 怎样才能对症下药？

对症下药应做到：一是明确防治对象。即要搞清是哪种虫、哪种病、哪种草需要防治，是否达防治指标。针对防治对象，选购高效、安全、经济的农药，谨防错用、误用，切忌用杀虫剂治病或用杀菌剂治虫。尽管防治时间准确，但用药品种不对路，同样达不到防治效果；二是分析作物的种类、品种特性及生育期对农药抵抗力的差异，结合天敌种类和天气情况，选择适当的农药品种和剂型。千万不能错用农药，否则不仅不能及时防治病虫草等有害生物，有时还会引起药害、伤害天敌，造成不应有的损失。

163. 为什么病虫草的防治一定要掌握用药适期？用药适期如何掌握？

任何一种病虫草都有严格的防治时间，防治过早，会使药剂在病虫发生时已失效，打不着病虫；防治过晚，病虫对农药的敏感期已过，错过用药机会，打不掉病虫。因此，在防治工作中，要防止不调查病虫的发生情况，而“定期打药”、“打保险药”等滥用农药的现象发生。

何时用药最适宜，这要根据病虫的发生期、作物生长进度、农药品种而定，还应兼顾到田间天敌状况，尽可能避开天敌对农药敏感期施用。既不能单纯强调“治早、治小”，也不能错过有利时期。如害虫防治应掌握在卵孵化后至幼虫二龄期；病害防治应掌握在病原菌侵入寄主植物之前；除草剂既要看草情，又要看“苗”情，一定要认真查看药品标签上的施用时期。

164. 农药用量越高防治效果是否越好？

在正常情况下，推荐使用药量一般都能达到较好的防治效果，过量使用农药药效不一定提高，相反会增加农药残留，还会造成农药在田间的大量流失，不仅增加农本，还易造成环境污染，特别是除草剂过量使用极易造成作物产生药害。

165. 什么是农药安全间隔期?

农药喷洒到农作物上之后，无论在露地或保护地内，都会逐渐光解或水解，消失毒力。当药剂在农作物上消失到单位重量的农作物上所残留的农药不足以对人体健康构成为害时，这段时间称为“安全间隔期”，即指在作物上最后一次施用农药至采收可安全食用所需间隔的天数。在“安全间隔期内 ”的作物是不能采摘食用的，只有在超过安全间隔期之后的作物才可收获上市。

166. 为什么要合理轮换使用或混用农药?

长期连续大量地使用同一种农药，可导致病虫草害不同程度地产生抗性，使农药防治效果降低甚至失去作用，造成大量用药抗药性增加，增大用药量抗药性再增加的恶性循环。不仅使防治成本增加，防治难度加大，残留污染增大，而且最终可能失去一种或一类可用的农药，失去一种控制病虫草等有害生物的手段。例如，杀虫双过去是水稻产区防治螟虫的主要药剂，但现已在部分地区产生了高达数百倍的抗药性，失去了使用的价值；吡虫啉曾经是防治稻飞虱的高效药剂，由于连续大量使用，现有防治效果已明显下降，特别对灰飞虱已基本没有防治效果。因此，轮换使用作用机制不同的农药品种或合理混用农药，既提高防治效果，又延缓病虫草害产生抗药性。

167. 何谓农药混用与农药混配剂?

将两种或两种以上的农药混配在一起施用叫做农药混用。为混用而制备出含有两种以上有效成分的农药制剂叫做农药混配剂，亦称复配剂。

168. 农药混配剂有哪几种类型?

农药混配剂的类型有很多种，主要根据组成的农药类别来分类。

杀虫混配剂：一般由两种杀虫剂混配而成，是农药混配剂中品种最多的一类。如三唑磷与阿维菌素、杀虫单与吡虫啉等。

杀菌混配剂：由两种或三种杀菌剂混配而成，如多菌灵与代森锰锌、福美双与甲基硫菌灵、百菌清与多菌灵、福美双等。

除草剂混配剂：由两种或三种除草剂混配而成。如乙草胺与苄嘧磺隆、苯噻酰草胺与苄嘧磺隆与乙草胺。

杀虫杀菌剂混配剂：由一种或两种杀虫剂与一种或两种杀菌剂混配而成。如井冈霉素与噻嗪酮，井冈霉素与噻嗪酮、杀虫单等。

其他如杀虫剂与除草剂、农药与化肥、植物生长调节剂混剂等亦有混配剂出现，但数量较少。

169. 农药合理混用的原则是什么?

农药混用或混配有许多好处，但不是任意两种农药都可以混用或混配，更不是随便将两种农药掺混在一起就能加工成混配剂。因此，农药混用或混配要遵循以下几点原则：

(1) 要有明确的防治目标和要求　农药混配首先要明确防治目标。什么病虫害是主要防控对象，什么是次要防控对象，什么是兼治对象，混配使用需要达到什么目的都需要明确，然后再进行对路的农药混配。如要防治同期发生的病虫害，需选择杀菌剂和杀虫剂混用；如要降低成本，需减少价格昂贵的农药，增加低廉农药；如要提高防治效果可选用速效和长效农药混用。

(2) 要避免农药间的负面反应　农药混配不应产生物理、化学、生物上的干扰反应。凡是混配后出现分离、沉淀、结絮、变性、灭活等不正常现象，都属于禁止混用范围。一般的碱性农药和酸性农药莫混；含铜元素农药和含锌元素农药莫混。在农药混配前，可先进行少量混配试验，若无变化反应，再进行大量混配。

(3) 混配后要有增效、兼治功效 农药混配后的最低要求就是要增效、兼治。如果混配后药剂间相克减效（拮抗），或低于单用防效，或无兼治作用，混配也就没什么意义了。

(4) 混配要选用高效、低毒、低残留、短残效的农药 严禁以追求防效和其他目的而将禁用的剧毒农药、限用的高毒、高残留和高残效农药乱混用。如果混用上述农药，会产生为害人、畜、下茬作物、环境安全等严重后果。

(5) 混配农药种类不宜超过 3 种 混配农药种类越多，风险越大，一般情况下，混配农药不宜超过 3 种，混配农药的毒性都较单一农药增强。多混后一旦发生药害，很难解救；长期施用后易使病虫害产生多种抗性；多种农药混用还会造成农药的浪费和残留超标等问题。

(6) 要严格保证产品采收后的食用安全 目前，对混配农药尚无特殊规定，要严格把握混配农药在农作物上的最多施用次数、收获时的安全间隔天数等。

170. 农药混用要避免哪些问题?

农药混用要谨记五避免：

①遇碱性物质分解、失效的农药，不能与碱性农药、肥类或碱性物质混用，一旦混用就会使这类农药很快分解失效。碱性肥料如氨水、石灰氮、草木灰等不能与敌百虫、硫菌灵、井冈霉素、多菌灵、菊酯类杀虫剂等农药混用，否则会降低药效。

②混合后会产生化学反应，以致引起植物药害的农药或肥料，不能相互混用。碱性农药石硫合剂、波尔多液、松脂合剂等不能与碳酸氢铵、硝酸铵、氯化铵等铵态氮肥和过磷酸钙等化肥

混作，否则会使氨挥发，降低肥效。

③混合后出现乳剂破坏现象的农药剂型或肥料不能相互混用。含砷的农药如砷酸钙、砷酸铝等不能与钾盐、钠盐类化肥混用，否则会发生药害。

④混合后产生絮结或大量沉淀的农药剂型，不能相互混用。

⑤化学肥料、杀菌剂等不能与微生物农药如杀螟杆菌、苏云金杆菌混用，否则易杀死微生物，降低防治效果。

171. 为什么农药混用（混配）要注意农药间物理变化？

农药混用（混配）首先应该注意到物理性能是否有变化。因为农药的各种制剂在物理性能方面是有一定要求的。如粉剂要求有一定的粉粒细度和分散性，可湿性粉剂除要求有一定的粉粒细度外，还要求具有良好的悬浮率、湿润性能、展着性能等。乳油则要求具有良好的乳化性能、分散性能、湿润性能、展着性能等。这些物理性能都是充分发挥防治效果所必不可少的。因此，两种或多种农药混用（混配）时，其物理性能是否有变化，是必须注意的。

172. 农药混用（混配）后农药间物理变化有几种情况？

农药混用（混配）后农药间物理变化概括起来有三种情况：

①农药混合后物理性能基本不发生变化，保持原来制剂的物理性能，因而不会影响防治效果，不会对作物产生药害。这样的制剂是可以混用（混配）的。

②农药混合后改善了制剂的物理性能，提高了药剂的防治效果。

③农药混合后产生了不良物理变化。如乳油的分散性不良，可湿性粉剂的悬浮率降低，甚至于结絮或产生大量的结晶或沉淀等，从而使药剂失去了原来良好的物理性能。其结果是降低或失去原有的防治效果，甚至对作物产生药害。

173. 为什么农药混用（混配）要注意农药间化学变化?

各种农药本身都具有一定的化学性质，这些化学性质与其生物活性紧密相关。因此，在农药混用时，如果化学性质不变，就勿须担心因此而产生的不良影响。但是，化学性质不同的农药混用时，有的会发生化学变化。根据对生物的作用，化学变化可分成有益和有害两种情况。如能提高药剂的防治效果，降低对温血动物的毒性、减轻药害或增加一些其他有益特性的化学变化就是有益的，这种情况是少数。多数是降低药效，有时还能增加对温血动物的毒性和对作物的药害。

174. 农药之间常发生的化学变化有几种?

农药之间常发生的化学变化有以下几种：

(1) 水解作用 一些碱性农药，如波尔多液、石硫合剂等在和一些有机磷农药如杀螟松等或氨基甲酸酯类农药如西维因、速灭威等混用时，容易使有机磷或氨基甲酸酯类农药水解。

(2) 脱氯化氢作用 许多有氯农药与碱性农药混用容易发生脱氯化氢作用，如敌百虫、敌敌畏等都容易在碱性条件下脱去氯化氢。

(3) 金属置换作用 二硫代氨基甲酸盐类如代森锌、代森锰等杀菌剂中的金属与铜制剂的金属容易发生置换反应生成难溶性的铜盐，降低药效，甚至硫与铜发生作用生成有害的硫化铜。

175. 农药混用（混配）后对生物产生哪些作用?

两种农药或两种以上农药混配在一起后，对于生物（包括防治对象被保护植物、温血动物）的作用主要有以下几种：

(1) 加合作用 混配农药对同一种生物的毒力与组成该混配剂的各药剂单用的毒力之和相等的联合作用属于加合作用，即一加一等于二的情况。一般来说，化学结构类似、作用机制相同的农药混配在一起，多数表现出加合作用。由于速效性、残留活性、生物活性以及价格等方面的差异，某些农药混配在一起之后，毒力测定结果虽然表现加合作用，但能在这些性能方面取长补短，是有实用价值的。

（2）增效或增毒作用　混配药剂对同一种生物的毒力比组成该混配剂的各药剂单用的毒力之和大时，其联合作用就属于增效作用。对于防治对象如病菌、害虫和杂草具有增效作用的混配剂是人们所期望的。因为利用增效作用可以提高药剂的防治效果，降低药剂成本，克服抗药性，扩大药剂的活性范围。有些农药混合起来之后能增强对人、畜的毒性或能加重对保护植物的药害，这对人是不利的，叫做增毒作用。据测定敌百虫与马拉硫磷混配可增强毒力 2 倍。马拉硫磷与苯硫磷混配对温血动物的毒力大增，又如除草剂敌稗或灭草灵与有机磷或氨基甲酸酯类杀虫剂混用会加重对水稻的药害。

（3）拮抗作用　混配剂对同一种生物的毒力比组成混配剂的各药剂单用毒力之和显著低时的联合作用称为拮抗作用。拮抗作用表现在防治效果降低，对被保护的植物表现出药害减轻，对温血动物则表现为毒性降低。

176. 生物农药和化学农药是否都可以混用?

生物农药和化学农药有时可以混用，而且有增效作用。但有的不能混用。某些生物农药是活的有机体，它们是通过在防治对象体内生长、繁殖、分泌毒素，杀死被寄生物而防治害虫或杂草的作用。生物农药与化学农药混用时，化学农药可能将生物农药杀死，如杀真菌剂可以抑制白僵菌的生长发育而使之失去防治害虫的作用。化学药剂也可能作为碳源而被微生物农药吃掉。化学农药阻止害虫取食，有忌避作用，或击倒作用太强，严重影响害虫接触或取食生物农药，也会降低生物农药，如苏云金杆、杀螟杆菌的杀虫作用。因此，在生物农药与化学农药混用时要注意以上问题。

177. 什么叫除草剂的混用？除草剂混用有哪些好处？

除草剂的混用是指在生产中为了达到某种目的而将作用机制或防治对象不同的两种或两种以上的除草剂单剂（有时将除草剂与杀虫剂或杀菌剂混用或与增效剂等混用也包括在内）按一定比例混合在一起使用的方法。

除草剂混用通常具有以下优点：①扩大杀草谱：将杀草谱不同的除草剂混用，可以达到一药多治，扩大杀草种类；②延长施药适期；③提高对作物安全性：有些除草剂在作物与杂草之间的选择性较差，应用过程中容易对作物产生药害，混用中每种单剂的有效成分一般均低于其单用时的剂量，故可以提高对作物的安全性；④降低除草剂在土壤中的残留：土壤中残留的除草剂，有些因为残效太长影响到下茬作物的安全性，有的则会污染地下水造成环境恶化，通过除草剂混用，可降低持效期较长除草剂品种的用量，因而可降低其在土壤中的残留量，防止对后茬敏感作物的药害，减少对环境的污染；⑤降低成本，提高经济效益；⑥防止或延缓杂草抗药性的出现：长期连续使用单一除草剂，易导致农田产生抗药性杂草种群，除草剂混用对杂草的作用部位增多、杀草机制各异，因而可以防止或延缓杂草抗药性的产生；⑦提高除草剂生物活性。

178. 除草剂混用应遵循什么原则？

除草剂混用应遵循以下原则：①明确复配目的：针对农田中杂草种群变化的实际情况，有的放矢地选择不同除草剂进行复配，以达到经济、安全和高效的目的；②混用的单剂之间具有相容性：在进行除草剂混剂的研制或现场混用时，必须注意各除草剂单剂的理化特性以及混合后可能产生的变化，只有保持原有的物理化学性质不变，才可以混合使用；③选择杀草谱不同的单剂：除草剂混用的主要目的是扩大杀草谱，提高防效，做到一药多治；④不降低药效：除草剂混用是为了达到某个目标而将不同除草剂有机地混配在一起，混用后如果是表现出拮抗作用（指除草剂混用后防治效果即下降），则不应混用；⑤防止药害：除草剂混用后，在增强杂草治理的同时，还必须对作物安全，不仅对当茬作物安全，还必须对后茬作物也不产生药害。

179. 农药使用中哪些不当措施易造成人畜和有益生物中毒?

农药特别是杀虫剂有一部分是高毒的，少数除草剂和杀菌剂也具有较高的毒性，如不按照有关规定和要求使用，则会造成人畜中毒和有益生物中毒死亡。农药使用不当措施主要有：①施药时安全防护做得不好，例如防护衣物不全、违规饮食、施药时间不对、身体虚弱或有病时施药等，容易导致施药人员中毒；②不按照有关使用规定和操作规程施药，例如在杀虫剂中，克百威等具有极高的毒性，严禁喷雾使用，有的人仍违规喷施；③违规在蔬菜、水果上使用高毒农药，造成食用人员中毒；④施用高毒农药后对施药区域不设立警告标志，造成牛、羊、鸡、鸭等畜禽中毒；⑤在桑园周围使用杀虫双、杀虫单、杀螟丹、苏云金杆菌等农药，导致蚕中毒；⑥在虾、蟹养殖区的稻田使用氟虫腈，引起虾和蟹中毒等。

180. 农药使用中哪些不当措施易造成农产品中农药残留超标?

过量使用农药，在安全间隔期内使用农药，在蔬菜、果树、茶叶、中药材等植物上使用高毒农药或其他禁止使用的农药，都容易造成农产品中农药残留量超过限制标准，并进一步由于富集作用而导致畜牧、水产等副产品中农药残留量超标，为害食用者健康，影响农产品的贸易和市场竞争力。

181. 如何控制农产品中的农药残留?

农药残留是施药后的必然现象，但如果超过最大残留限量，就会对人畜产生不良影响，或通过食物链对生态系统中的生物造成毒害。减少农产品中农药残留的措施主要有以下几点：①注意选用高效、低毒、低残留农药或生物农药，针对病虫发生情况适时适量科学用药，在保证防效情况下，尽量减少用药次数，减少对环境的污染。②禁止或限制使用高毒、高残留农药，严防不按规定范围使用农药。③对农产品中的农药残留进行监测，以保证食品卫生和保护人体健康。

182. 为什么农药使用不当会破坏生态平衡，导致有害生物再猖獗?

农药在使用时，环境中往往存在很多生物，农药对它们同样会产生毒害作用，如瓢虫、草蛉、青蛙等天敌。如果农药使用不当，可杀死田间大量的天敌，导致害虫猖獗发生和害虫再猖獗。如水稻田使用菊酯类农药，可能因大量天敌被杀伤和刺激稻飞虱产卵而招致稻飞虱的大发生；水稻田使用高毒农药，可能引起青蛙的大量死亡等。通常情况下，很多害虫由于有了天敌而有效地控制其发生基数，一旦天敌被大量杀伤，则给防治带来巨大的压力。

183. 农药对环境的污染主要表现在哪些方面?

农药对环境的污染主要表现在对土壤、水源、空气等污染，不科学合理使用则会加剧污染，有以下几个方面：

(1) 农药对土壤的污染　农药进入土壤的途径有三种情况：①是农药直接进入土壤，包括施用的一些除草剂、防治地下害虫的杀虫剂和拌种剂，这些农药基本上全部进入土壤；②是防治病虫害喷撒到农田的各类农药。它们的直接目标是病、虫、草，目的是保护作物，但有相当部分农药落于土壤表面或落于稻田水面而间接进入土壤；③是随着大气沉降、灌溉水和植物残体。由于农药本身不易被阳光和微生物分解，对酸和热稳定，不易挥发且难溶于水，故残留时间很长。这些累积的农药还将在相当长的时间内发挥作用。目前大豆田长期使用高残效除草剂的地块，导致玉米等经济作物无法调茬，大豆也表现根系发育受阻、生长缓慢，个别地块出现大量死苗现象，导致减产、减收甚至失收。

(2) 农药对大气的污染　农药微粒和蒸汽散发空中，随风飘移，污染全球。农药对大气污染的程度还与农药品种、农药剂型和气象条件等因素有关。易挥发性农药、气雾剂和粉剂污染相当严重，长残留农药在大气中的持续时间长。在其他条件相同时，风速起着重大作用，高风速增加农药扩散带的距离和进入其中的农药量。

(3) 农药对水体的污染　水体中农药的来源主要是以下几个方面：向水体直接施用农药；含农药的雨水落入水体；植物或土壤粘附的农药，经水冲刷或溶解进入水体；生产农药的工业废水或含有农药的生活污水等都时刻为害着地表水和地下水的水质。有时为防治蚊子幼虫施敌敌畏、敌百虫和其他杀虫剂于水面；为防除渠道、河流中的杂草而使用水生型除草剂等造成水中的农药浓度过高，大量的鱼和虾类的水生动物死亡。还有一些农药药液配制点有不少药瓶和其他包装物，降雨后会产生径流污染，施药工具的随意清洗也造成水质污染。

184. 农药使用不当会增加农业生产成本吗?

不科学合理使用农药，往往使农药的效果得不到理想的发挥，导致防治效果下降，于是通过加大农药使用剂量以达到控制病虫的效果，这无疑增加了防治成本。例如，由于植保机械性能不佳、农民施药方式不正确、使用时期不准确、选用药剂不对路等原因。我国农药的利用率仅为30％左右，而先进国家的农药利用率可达40%以上。我国每年因施药技术落后而损失的农药价值可达30亿元以上。

185. 农药配制中应注意什么?

为了准确、安全地进行农药配制，应注意以下几点：

①不能用瓶盖倒药或用饮水桶配药；不能用盛药水的桶直接下河取水；不能用手伸入药液或粉剂中搅拌。

②在开启农药包装、称量配制时，操作人员应戴必要的防护器具。

③配制人员必须经专业培训，掌握必要技术和熟悉所用农药性能。

④孕妇、哺乳期妇女不能参与配药。

⑤农药称量、配制应根据药品性质和用量进行，防止溅洒、散落。

⑥配制农药应注意在离住宅区、牲畜栏和水源远的场所进行，药剂随配随用，已配好的应尽可能采取密封措施，打开包装后余下的农药应封闭在原包装内，不得转移到其他包装中（如喝水用的瓶或盛食品的包装）。

⑦配药器械一般要求专用，每次用后要洗净，不得在河流、小溪、井边冲洗。

⑧少数剩余和废弃的农药应埋入地坑中。

⑨处理粉剂和可湿性粉剂时要小心，以防止粉尘飞扬。如果要倒完整袋可湿性粉剂，应将口袋开口处尽量接近水面，站在上风处，让粉尘和飞扬物随风吹走。

⑩喷雾器不要装得太满，以免药液泄漏，配好的药液要当天用完。

186. 什么是稀释液与稀释倍数?

农药乳油或可湿性粉剂加水稀释配成所需浓度的药液称为稀

释液。

称取一定质量或量取一定容量的商品农药，按同样的质量单位或容量单位的倍数计算加水稀释成稀释液，加水量相当于农药用量的倍数。如1毫升乳油用1 000毫升水稀释就是1 000倍；1千克可湿性粉剂用250千克水稀释就是250倍。

187. 什么是农药原液与母液？

未加水稀释的液体农药统称原液。

乳油、可湿性粉剂或其他农药原液先加较小量的溶剂或水稀释成高浓度的稀释液，但还不能使用，尚待继续加水稀释成所需要的浓度后才能喷用，这种高浓度药液，叫做母液。

188. 什么是喷雾用量？

按单位面积计算的农药稀释液的喷雾用量，如每公顷喷雾多少升（千克）稀释液等。按农药常用情况，喷雾量的大小一般分为：常规喷雾、弥雾喷雾和超低量喷雾。

常规喷雾是指一般背负的空气压缩式喷雾器和手动或机动高压喷雾机，按农作物生长情况、农药种类、防治对象以及各地喷雾习惯的不同，每公顷喷雾药液量从300升（千克）到1 500升（千克）的喷雾操作。

弥雾喷雾是指使用机动弥雾喷粉两用机，如泰山18型或东方红18型等机动弥雾喷粉机，每公顷喷雾药液量从75升（千克）到300升（千克）的喷雾操作。

超低量喷雾是指使用航空超低量笼式喷雾器，装在机动弥雾喷粉两用机上的风动旋盘超低量喷雾器和手持电动旋转盘式超低量喷雾器等进行的喷雾操作。用于超低量喷雾的农药，有专门为此目的加工成的超低量制剂。有些农药乳油也可以不加水稀释，直接用作超低量喷雾。根据农药种类、规格、农作物生长时期和防治对象的不同，每公顷喷雾量也不同，但比其他喷雾方法的喷出药液量要少得多，一般喷雾量为 900～1 050 毫升，甚至能少到300～450 毫升。

189. 农药用量的表示方法有哪些？

（1）农药有效成分用量表示方法 国际上早已普遍采用单位面积有效成分用量，即克有效成分/公顷表示方法。如每公顷用毒死蜱乳油有效成分 576 克。

（2）农药商品用量表示法 该表示法比较直观易懂，但必须带有制剂浓度，一般表示为克（毫升）/公顷或克（毫升）/亩。如每公顷用 48%毒死蜱乳油 1 200 毫升。

（3）百分浓度表示法 通常表示制剂的含药量，如用 48%毒死蜱乳油 1 200 毫升

（4）百万分浓度（毫克/千克）**表示法** 表示一百万份药液中含农药有效成分的份数，通常表示农药加水稀释后的药液浓度。

（5）稀释倍数表示法 这是针对常量喷雾而沿用的习惯表示方法。如用 50%辛硫磷乳油 1 000 倍液，或是用 25%多菌灵可湿性粉剂 1 000～1 500 倍液。一般不指出单位面积用此药液量，应按常量喷雾施药决定。

190. 如何换算农药使用浓度？

（1）农药有效成分量与商品量的换算：

农药有效成分量＝农药商品用量×农药商品浓度（%）

例如，每公顷用敌杀死有效成分 7.5 克，则需 2.5%敌杀死乳油 300 克。

（2）百万分浓度（毫克/千克）**与百分浓度**（%）**换算：**

百万分浓度（毫克/千克）＝百分浓度×10000

例如，40%乐果乳油折算成百万分浓度则是 400 000 毫克/千克。

(3) 稀释倍数换算：

$$稀释倍数=\frac{稀释加水量}{商品农药用量}$$

$$加水稀释倍数=\frac{商品农药的有效成分含量}{药液有效成分浓度}$$

例一：用25%丙环唑乳油配制含有效成分为80毫克/升（即0.008%）的药液需用的加水稀释倍数是多少？

$$加水稀释倍数=\frac{25\%}{0.008\%}=\frac{0.25}{0.00008}=3125$$

例二：现有50%辛硫磷乳油60毫升需加水稀释配制成含有效成分为0.05%的药液，需用多少量的水来稀释？

$$加水稀释倍数=\frac{50\%}{0.05\%}=\frac{0.5}{0.0005}=1000$$

$$用水量=60\times1000=60000\text{ 毫升}$$

例三：15%三唑酮可湿性粉剂0.1千克用75千克水稀释后，问该药液中的有效成分浓度是多少？

$$稀释倍数=\frac{75}{0.1}=750$$

$$药液有效成分浓度=\frac{15\%}{75/0.1}=\frac{0.15}{750}=0.0002=0.02\%$$

191. 农药施用方法有几种?

要充分发挥农药的防治效果，重点就是要根据病虫草的发生特点、作物的不同种类和生育期，采取不同的施药方法。常用的施药方法有下列几种：

(1) 作物处理 直接将农药施用于农作物地上部位或有害生物上。施用方法主要有喷雾、喷粉和熏蒸等。

①喷雾法：将农药加水稀释到一定浓度，用喷雾器械喷洒。雾滴直径应控制在200微米左右，雾滴大，覆盖度小，农药易流失。目前推广的低容量喷雾，要求雾滴100微米左右；用弥雾机

喷雾，为超低容量喷雾，雾滴在5～75微米，雾滴数比一般喷雾大15倍。喷雾的优点是用药量少、药效持久、防治效果好。适用于可湿性粉剂、水剂、乳剂等农药。

②喷粉法：喷粉法是粉剂农药使用方法，一般用喷粉器喷施，适用于缺乏水源的地区。优点是工效高，不需水；缺点是用药量大，漂移流失严重，污染环境严重。

③熏蒸法：使药剂挥发而防治病虫害的施用方法。适用于温室、大棚、苗床、土壤及仓库等的病虫害防治。具有工效高、作用快和不需水等优点，但使用技术及安全防护要求高。

（2）种苗处理　对果实、种子、苗木及其他繁殖材料用农药处理。处理方法有浸种、拌种、闷种、喷雾、熏蒸、包扎和涂刷等。其处理浓度、时间和方法主要根据防治对象而定。

（3）土壤处理　将农药施用于土壤或农作物地下的根部区域，方法有喷洒、浇灌、毒土、洞穴和注射等，用于苗床、根围等处的土壤病虫害防治。

192. 病虫发生为害部位不同，施药方法是否相同？

病虫发生为害部位不同，应采取不同的施药方法。对于发生、为害植株中上部叶片、穗部的病虫害的防治，如稻瘟病、稻曲病、白叶枯病、细菌性条斑病、稻纵卷叶螟、稻蓟马、后期蚜虫等，要以细雾或弥雾或喷粉的方式均匀将药剂喷洒在植株中上部叶片和穗部，使药剂与植株受为害部位和害虫充分接触，以提高防治效果；对于为害植株中下部的病虫害，如螟虫、稻飞虱、条纹叶枯病、黑条矮缩病（主要防治灰飞虱）、纹枯病、菌核病等，要以机动喷雾器喷粗雾或浇泼或拌肥料（拌沙）等施药方式，将药剂施（渗）于植株中下部。

193. 农药施用过程中如何防止中毒？

农药在施用过程中，要确保安全，防止中毒，应注意以下事项：

①孕妇、哺乳期妇女及体弱有病者不宜施药。

②施药者应尽量避免农药与皮肤及口鼻接触。

③施药时不能吸烟、喝水和吃食物。

④一次施药时间不宜过长，应控制在 4 小时内。

⑤接触农药要用肥皂清洗，包括衣物。

⑥药具用后清洗要避开人畜饮用水源。

⑦农药包装废弃物要妥善收集处理，不能随便乱扔。

⑧农药应封闭贮藏于背光、阴凉、干燥处。

⑨农药存放远离食品、饮料、饲料及日用品。

⑩农药应存放在儿童和牲畜接触不到的地方。

⑪农药不能与碱性物质混放。

⑫一旦发生农药中毒，应立即送医院抢救治疗。

194. 药剂拌种为什么要做到随拌随用？

药剂拌种要做到随拌随用，主要原因是：

①药剂拌种后的种子搁置一段时间后，药剂容易分解挥发降低药效或失效，因此，药剂拌种一般晾干后即播种。

②拌了药剂的种子放置在家中，对人畜均不安全，要妥善保管。

195. 阴雨天施药应该注意些什么？

阴雨天气对施药不利，但这种天气往往对某些病虫的发生和为害极为有利。因此，要抓住降雨间隙施药，否则等待天气晴朗后再施药，错过了防治适期，会降低防治效果。如小麦赤霉病在扬花期前后，越是阴雨连绵，越有利于病菌侵入，发病越严重，因此要根据天气变化情况，抢在阴雨前或雨停间隙喷药，才能达到预期效果。

196. 农药的安全使用包括哪些方面？如何确保使用安全？

化学农药对人畜的毒性、作物药害以及杀伤天敌等是它的重要缺点，在化学防治中，应采取积极有效的措施，达到安全用药的目的。农药的使用要注意以下四个方面的安全问题：

（1）操作人员的安全　在农药生产和使用过程中要采取严格的防护措施，防止农药污染皮肤，在夏季中午高温下尽量不施药，即使施药，坚决不使用高毒农药，以免引起急性中毒。

（2）作物的安全　要根据农药特性、作物特性合理选用农药品种，不选用产品质量差、贮存期变质、乳油分层或沉淀、粉剂结块、可湿性粉剂在水中沉淀等农药；作物对农药敏感、耐药力差的时期不施药；高温时段不施药；用量合理、喷洒均匀、混合得当等，以免产生作物药害。

（3）农产品消费者的安全　农药选择时避免选用高毒、高残留农药，在作物收获前，尽量不使用过多的农药，而且要在大于农药安全间隔期使用，以免造成亚急性或慢性毒害。

（4）环境的安全　大规模施用农药，除直接抑制病虫草等发生外，对周围生物群落，尤其是对田间天敌的影响也很大。应用时应选择对天敌杀伤力小的农药；选择适当的施药时期、施药量，尽量减少用药次数，减少对天敌的伤害；作物花期施药应选用对蜜蜂安全的农药；蚕桑地区用药应选用对蚕安全的农药；稻田施药后的田水不排入河流、池塘，确保鱼虾安全。

197. 农药作为一种资源为什么要加以保护性地科学使用？

农药是人类在与农业有害生物斗争和改造自然界的过程中发展起来的，每一种农药的开发都花费了人类大量的财力和人力，而且随着抗药性的增长，人们在寻找生物体内的新靶标也越来越困难，新作用机理农药的开发成本越来越高，因此农药正成为一种资源，需要加以保护性地科学合理使用。

第三节　药　害

198. 什么是作物药害?

药害是指农药使用不当而引起植物发生的各种病态反应，包括由药物引起的组织损伤、生长受阻、植株变态、减产、绝产，甚至死亡等一系列非正常生理变化。

199. 哪些农药对作物易产生药害?

农药中特别是除草剂、杀菌剂和植物生长调节剂，它们的作用机理均与细胞的生长和代谢有很大的关系，因此对作物产生药害的几率较大，部分杀虫剂也会对作物产生药害。除草剂的主要作用对象就是植物，因此产生药害的几率最大。除草剂的使用浓度和剂量过高，往往是造成药害的主要原因；植物生长调节剂与除草剂类似，其使用浓度和剂量是决定其安全性的关键因素，浓度过高则容易造成药害；杀菌剂对作物也较容易产生药害，特别是无机杀菌剂，如铜制剂对某些水稻的品种容易引起药害。三唑类杀菌剂如烯唑醇，在水稻田使用不当，则造成水稻抽穗不全或瘪谷；某些杀虫剂也会造成药害，特别是作物幼嫩的时期容易受害。大部分的药害与使用浓度有关，少部分与农药的品种有关。如石硫合剂不适宜在作物的旺盛生长期使用，辛硫磷在瓜类的幼苗期使用则容易产生药害。

200. 作物药害有哪几种类型?

按药害发生的速度，可分为急性药害和慢性药害；按药害程度，有轻度药害、中度药害、重度药害；除草剂药害按症状又分为可见性药害和隐患性药害；除草剂药害按症状的时期又可分为直接药害和间接药害。

201. 急、慢性药害从发生速度、表现症状上如何区别?

急性药害是指施药后短时间内（一般 10 天内）表现出的症状，多为出现斑点、失绿、落花、落果等。慢性药害一般在施药后 10 天以上才表现出来，一般为黄化、畸形、小果、劣果等。

202. 轻、中、重三种药害如何划分?

轻度药害只使作物生长稍受影响，产量损失少；中度药害则使作物生长受到阻碍，管理得当，有可能恢复，可减少损失；重度药害可使作物受到严重为害，甚至提早枯死，颗粒无收。

203. 可见性药害与隐患性药害有什么区别?

可见性药害是指从植株的形态变化上，用肉眼可以直接观察到的药害。如由苯氧羧酸类、氨基甲酸酯类等具有激素特性的除草剂所造成的激素型药害。通常表现为叶色反常转绿或黄化，茎叶扭曲，心叶畸形，顶端弯曲或下垂，植株矮缩，生长停止直到死亡；由百草枯、敌稗等一些触杀型除草剂所造成的触杀型药害，主要表现为组织坏死，茎叶上出现黄、红、褐、白色等不同颜色的坏死斑点，直到茎叶组织枯萎死亡。

隐患性药害主要是作物内部组织的变化，在形态上并未明显地表现出药害症状，难以用肉眼直接地观察到，而最终造成产量下降和品质的降低。如磺酰脲类除草剂绿磺隆、甲磺隆、胺苯磺隆等影响水稻侧根的发生，从而抑制了水稻正常的分蘖和株高；丁草胺对水稻根系发育影响而使水稻每穗粒数、千粒重等下降。

204. 直接药害和间接药害有什么不同?

直接药害是指除草剂使用不当对当季作物或当茬作物所造成的药害。

间接药害又叫二次药害，主要指长效的除草剂使用后对下茬作物所造成的药害。如麦田使用绿磺隆、甲磺隆对下茬水稻产生的药害；玉米田使用莠去津对下茬小麦的药害。

205. 引起药害的原因有哪些方面？

引起药害的原因较为复杂，主要有以下几个方面：①农药使用技术不当；②环境条件的影响；③施药器械和田间作业不标准；④药剂本身的原因；⑤作物本身的原因。

206. 农药使用中哪些不当因素易造成药害？

①农药使用过量：植物对农药有一个耐药量，超过一定的量或浓度，一般都会产生不同程度的药害。②农药混用不当：当两种或两种以上药剂混用时，对各自的理化特性了解不清，随便混配混用，也容易产生药害。如稻田施用敌稗本来不会对水稻产生药害，但如果与乐果、西维因混用会使稻株内的酰胺酶受到抑制而造成药害。波尔多液和石硫合剂混用也易产生药害。③施药时间不当：在作物对农药的敏感期内用药，往往容易引起药害。④施药次数多和间隔短也会造成药害。重复或两次施药间隔期短以及施药后种植下茬作物时间太近，都会造成药害。⑤施药方法不当、喷洒不均等造成药害。⑥错用农药造成药害。⑦药剂挥发与雾滴飘移到敏感作物上受到药害。⑧包装、容器不洁净，造成药害。工厂里装过农药的包装袋或容器，没有彻底清洗干净，灌装另一种农药，容易引起药害，农民使用的喷雾器，盛一种农药后没有清洗干净又盛其他农药，也易引起药害。

207. 作物本身与药害有什么关系？

作物的不同种类、不同品种，同一种作物的不同生育期、生理状态对农药的抵抗力差异很大。总的来说，抵抗性最强的是禾本科（麦、玉米、谷子、水稻等）、十字花科、茄科作物，豆科作物抵抗力较弱，瓜类的抵抗力最差。同一类型的作物，对不同品种农药的敏感程度也有差异，如禾本科的高粱对敌百虫就十分敏感；除草剂2甲4氯对棉花极易引起药害。作物的各生育期对农药的反应也不一样，一般幼苗和开花期的耐药力较差。作物的不同生理状态对农药的反应也不同，气孔开张时易发生药害；老组织较嫩组织抵抗力强；生长期较休眠期敏感。植株部位对农药敏感性差异较大，一般茎秆耐药性强；叶片耐药性差，药害症状首先表现在叶片上。作物营养不良、长势弱，容易产生药害。

208. 农药特性与药害有关吗?

农药特性与作物药害有着直接的关系。农药特性包括农药的理化性质、加工剂型和产品质量。与作物药害有关的主要有：①农药的理化性质：一般情况下，农药对作物都有一定的生理影响，一些油剂能堵塞植物叶片的气孔而造成药害。一些广谱性除草剂如草甘磷，喷到作物茎叶部位吸收后会导致死亡。有些破坏光合作用的除草剂如百草枯，喷到作物绿色部分，使光合作用和叶绿素合成很快停止。总之，农药的理化性质是产生药害的内在原因。②农药质量：农药质量差，杂质多或变质农药是引起药害的重要因素。一些农药保管不当，贮存时间长，引起分层、沉淀、结块等现象，不仅造成浪费，也容易引起药害。

209. 环境条件与药害关系怎样?

作物药害与温度、湿度、降雨、风力、风向、土壤等自然环境条件有密切关系。

(1) 温度 一般温度越高，农药活性和作物代谢作用增强，越容易引起药害，如石硫合剂，气温越高，硫挥发越多，效果越好，产生药害的可能性越大，番茄用2,4－D点花保果时，气温在15℃时浓度可用15毫克/千克，气温在20～25℃时，用10～

12 毫克/千克，气温在 20～25℃不宜使用。但对某些作物，某些农药，气温低，虽然降低了活性，但作物对农药的耐药性也相应降低，如早稻秧田施用除草醚，如遇低温天气，不但幼芽耐药性降低，而且由于幼苗生长缓慢，相对延长了接触药层的时间，从而加重了药害程度。又如绿麦隆在气温正常条件下施药，对麦苗影响较小，但施药后如遇低温、阴雨，则会产生药害，若降温幅度大，施药与低温间隔短，药害相应加重。

(2) 湿度　湿度过大，水分过多容易引起药害。如水稻本田初期施用恶草灵，若大水淹苗会产生药害；棉花、大豆等作物施用水溶性较高的扑草净，如遇大雨可使药液渗至土壤深层，接触根系而引起药害。

(3) 风　有风的天气喷除草剂，由于雾滴飘移，可造成敏感作物药害，特别是喷施 2,4－D、2 甲 4 氯等除草剂，会使下风向的阔叶作物产生药害。在喷施草甘膦、百草枯等灭生性除草剂时，风力引起雾滴飞散，可造成多种作物药害。

(4) 土壤　一般土壤黏重，有机质含量高的土壤，对农药吸附力强，移动性小，而沙质土壤，有机质含量低，对农药吸附力弱，易淋溶，扩散，使用土壤处理剂后对作物易产生药害。如水溶性高的利谷隆等在沙质土中易使作物产生药害。另外，土壤酸碱度对药害的产生也有关系，如磺酰脲类的绿磺隆、甲磺隆在酸性土壤中使用降解快，残留量低，使用安全，在碱性土壤中使用降解慢，易对当茬和下茬作物造成药害。

210. 作物发生药害后表现哪些症状?

(1) 斑点　斑点药害主要发生在叶片上，有时也在茎秆或果实表皮上。常见的有褐斑、黄斑、枯斑、网斑等。

(2) 黄化　黄化可发生在植株茎叶部位，以叶片黄化发生较多。引起黄化的主要原因是农药阻碍了叶绿素的正常光合作用。轻度发生表现为叶片发黄，重度发生表现为全株发黄。

(3) 畸形　由药害引起的畸形可发生于作物茎叶和根部，常见的有卷叶、丛生、肿根、畸形穗、畸形果等。

(4) 枯萎　药害枯萎往往整株表现症状，大多由除草剂引起。

(5) 生长停滞　这类药害是抑制了作物的正常生长，使植株生长缓慢，除草剂药害一般均有此现象，只是多少不同而已。

(6) 不孕　不孕症是作物生殖生长期用药不当而引起的一种药害。

(7) 脱落　这种药害大多表现在果树及部分双子叶植物上，有落叶、落花、落果等症状。

(8) 劣果　此类药害表现在植物的果实上，使果实体积变小，果表异常，品质变劣，影响食用价值。

211. 2甲4氯等苯氧羧酸类和苯甲酸类除草剂药害症状如何?

2甲4氯、百草敌等苯氧羧酸类和苯甲酸类除草剂为内吸传导型、激素型除草剂。作物苗期受害，根、茎、叶均表现出明显的畸形，如植株矮化，叶片皱缩，叶片、叶柄、嫩茎扭曲变形，幼根变短、变粗，毛根减少，茎基、胚轴变粗或肿大等，而且药害持续时间较长。受害较重者，一部分于生育前期死亡，另一部分直到生育中期仍有花、果、穗等畸形显露。如油菜受2甲4氯飘移为害，表现叶柄弯曲，嫩叶向背面翻卷，老叶则产生大块白色枯斑，顶芽萎缩，植株逐渐停止生长，进而枯死；水稻3叶前使用2甲4氯，表现为心叶、嫩叶纵卷呈筒状，分蘖扭曲并萎缩，叶色变暗或变浓，质地变硬，植株生长停滞；拔节后使用，不能抽穗，即使能抽穗，穗子小而且都是畸形穗；小麦3叶前使用2甲4氯，表现为茎叶多向一侧弯成弓形或抛物线形，外叶的中下部变为筒状而包住心叶。受害严重时，多数叶片变为褐色而枯死。拔节后使用，抽穗困难或造成畸形。

212. 2甲4氯等苯氧羧酸类和苯甲酸类除草剂主要应用于哪些作物田？在什么情况下产生药害？有何技术要求？

苯氧羧酸和苯甲酸类除草剂主要应用于禾本科作物，特别广泛用于麦田、稻田、玉米田除草。花生、瓜类、蔬菜等阔叶农作物对此类除草剂敏感，易产生药害。小麦、水稻等过量使用或在敏感生育期内使用，也产生药害。这类除草剂，主要是由于喷药时雾滴的直接飘移，其次是由于使用不当、药械清洗不净等原因而引起敏感作物或适用作物受害。禾谷类作物的不同生育期对该类除草剂的敏感性不同，生育初期对除草剂很敏感，此期用药，生长停滞。分蘖盛期至孕穗初期对苯氧羧酸类除草剂的抗性最强，这是使用除草剂的安全期。施药时应严格把握施药适期，小麦、水稻4叶前和拔节后禁止使用，玉米4叶前和8叶气生根开始发生后禁止施用，否则，可能会发生严重的药害。

喷药时应选择晴天无风天气，不能离敏感作物太近，药剂飘移对双子叶作物威胁极大，应尽量避开双子叶作物地块。特别是大面积使用时，应设50～100米以上的隔离区，还应在无风或微风的天气喷药，风速≥3米/秒时禁止施药。

213. 苯氧羧酸类和苯甲酸类除草剂发生药害后如何补救？

苯氧羧酸类除草剂的安全性较差，对适用作物易发生药害，对阔叶作物也易因误用、飘移等原因而发生药害，该类药剂的药害发展较慢，损失严重，而且生育初期的药害到中后期才表现出来。对待这类除草剂的药害主要通过除草剂的安全应用技术加以防范，遇到药害后应视药害程度而采取不同的补救措施。对药害较轻的情况，可通过加强肥水管理，喷施叶面肥、植物生长调节剂，如油菜素内酯（天丰素）、复硝酚钠等，一般短期内可以恢复；对于药害较重地块，应及时补种作物，因该类除草剂土壤活性低，补种作物应视季节而定，除草剂的残留影响较小。

214. 丁草胺等酰胺类除草剂一般用于什么作物田？发生药害后表现什么症状？

酰胺类除草剂主要有丁草胺、乙草胺、丙草胺、苯噻酰草胺、异丙甲草胺（都尔）等，一般广泛用于稻田除草。丁草胺、乙草胺等土壤处理剂的药害，基本发生于植物的萌芽期和幼苗期。幼芽受害，表现胚芽稍微变粗，胚根变短而弯曲，生长点变褐，有的在出土前或刚出土时便死亡。幼苗受害，表现畸形、萎缩、变硬变脆，叶色变浓。如水稻发芽出苗期，施用乙草胺6天后，部分叶片发黄，从叶尖开始枯死，长势明显弱于正常植株。15～18天后出苗稀疏，发育缓慢，茎叶出现褐色、枯死症状；施用丁草胺5天后，出苗稀疏，发育缓慢，茎叶出现褐色、畸形、卷缩、枯死症状。药害严重时，多数不能正常生长发育，影响壮苗。在水稻返青后，茎叶喷施丁草胺后，部分叶片发黄，从叶尖开始枯死，长势明显弱于正常植株；施用甲草胺后稻苗出苗缓慢，出苗后叶尖黄褐色枯死，茎叶出现褐色、枯黄症状，多数出苗后逐渐枯黄死亡。在水稻移栽返青后，茎叶喷施甲草胺后，部分叶片发黄，从叶尖开始枯死，随着生长，大量叶片枯死。

215. 如何安全使用丁草胺等酰胺类除草剂？

酰胺类除草剂是一类重要的芽前土壤封闭处理剂，除草效果和安全性均与土壤特性特别是墒情、有机质含量及土壤质地有密切关系。通常在温度较高、墒情较好的条件下，除草效果好，且对作物比较安全，但施药后遇低温、土壤高湿条件，对作物会产生一定的药害。甲草胺对水稻的安全性最差，不能用于稻田除草；丁草胺在秧苗萌芽时施用可能产生药害，其他品种产生的药害更重；在移栽后施用时，应尽量避免撒施或喷施到茎叶上，田水不能淹没心叶，否则也易产生药害；敌稗施用不当，特别是与有机磷杀虫剂、氨基甲酸酯类杀虫剂混用时易产生药害。

216. 如何因酰胺类除草剂药害轻重实施补救?

酰胺类除草剂对作物相对安全，生产中由于用药量过大或环境条件不良而产生的药害，应分不同情况采取相应的措施。在作物播后芽前，施药后遇降雨、漫灌大水，这时作物正处于发芽出苗期，易发生药害。一般情况下作物会受到暂时的药害，15～20天症状基本上可以恢复，生产上不需采取补救措施。如果这一时期，继续灌水、施用氮肥，往往会加重药害。对于部分积水处作物可能发生药害较重，应及时补种，播种深度应适当加大。对于药害较轻、生长受到暂时抑制的作物，应加强田间管理，也可以补施叶面肥和生长调节剂，可以及时喷施1～2次芸薹素内酯（天丰素）和复硝酚钠。

217. 绿磺隆、苯磺隆等磺酰脲类除草剂为什么会对作物产生药害？表现什么药害症状？

比较常用的磺酰脲类除草剂主要有甲磺隆、绿磺隆、苯磺隆、胺苯磺隆、苄嘧磺隆、吡嘧磺隆、烟嘧磺隆、氯嘧磺隆等，此类除草剂引起当茬适用作物受害，往往是由于其中某些除草剂品种的安全性较差或纯度不高等原因造成，若遇到天气低温、多雨和土壤湿度过大，会加重药害的发生程度。引起后茬敏感作物受害，主要是由于其中某些除草剂品种在土壤中的残留期过长所致。

作物出现的明显受害症状主要表现为幼嫩组织失绿，有时显现紫色或花青素色，生长点坏死、叶脉失绿、植株生长严重受抑、矮化，最后导致全株枯死。如水稻受绿磺隆残留为害，表现心叶、嫩叶褪绿转黄，叶脉仍绿，遂形成两色条纹，然后再从叶尖向下渐变黄褐或灰白而枯萎。稻苗黄化、矮缩，不分蘖或少分蘖，根系黑色坏死。受害严重时，植株枯死、腐烂，从而易从茎基拔断；大豆受绿磺隆残留为害，表现子叶横卷，中间裂口，真叶稍黄、变窄、皱卷，幼茎短、细，顶芽萎缩，根系变短，有的叶脉基部变褐及叶柄和下胚轴产生褐斑。受害严重时，顶芽枯萎，生长停滞或从茎基发出细小侧枝。

218. 甲磺隆、绿磺隆等长残效除草剂为什么不宜在碱性土壤上使用?

磺酰脲类除草剂是开发进展最快的一类超高效除草剂。此类药剂的特点是用量极小、成本低、杀草谱较广、防效好，且选择性强。但由于部分品种如甲磺隆、绿磺隆等在碱性土壤中分解慢、残效期长，在麦田使用后，对下茬旱作物如大豆、棉花、玉米、瓜类、蔬菜等作物产生严重影响，轻则抑制生长，重则绝收，同时由于该类药剂在土壤中不断累积，对水稻的生长发育也会产生不利影响，不少地方粳稻栽后长期僵苗不发。因此，对于甲磺隆、绿磺隆等长残效除草剂不宜在碱性土壤上使用，以免对后茬作物产生药害。

219. 磺酰脲类除草剂药害有哪些补救措施?

磺酰脲类除草剂是近几年出现药害现象最多、药害损失最重的一类品种，生产中应加强安全应用，在出现药害问题后应及时采取如下措施：轻度药害时，应及时喷施萘二酸酐等药害补救剂，或喷施芸薹素内酯（天丰素）以提高作物的抗逆能力，同时加强肥水管理；对药害严重地块，应及时与技术部门联系，对土壤进行酸洗、深翻，播种对该除草剂不敏感的作物。

220. 果尔等二苯醚类除草剂发生药害后表现什么症状?

二苯醚类除草剂为触杀型除草剂，主要有乙氧氟草醚（果尔）、乙羧氟草醚、磺氟草醚（虎威）等。这类除草剂主要起触杀作用，因无良好的内吸传导性能，所以其药害都集中发生在叶片等接触药剂的部位，而且会表现出比较明显的灼斑型症状。应用此类除草剂对作物产生一些轻微的药害是由药剂本身的特性带来的必然现象，通常不会造成减产。若用量过高或遇到高温、干旱等不良气候条件，则会使药害加重。

如水稻用乙氧氟草醚拌土撒施受害，表现叶片和叶鞘产生棕褐色灼斑，有的叶尖、叶缘失绿变白。受害严重时，叶片变白而枯干蜷缩，植株萎缩，根系短小，生长停滞或枯死。

大豆用乙氧氟草醚土壤处理受害，表现出苗、生长迟缓，植株矮小，子叶产生黑褐色枯斑，顶芽萎缩，叶片沿叶缘、叶脉产生灰白色或锈褐色枯斑并皱缩。受害严重时，叶片枯凋，顶芽枯死，植株生长停滞。

221. 二苯醚类除草剂发生药害后需要补救吗?

二苯醚类除草剂对作物易于发生药害，但该类除草剂对作物的药害是触杀性的，一般不会对作物造成严重的损失。轻度药害，随着作物生长药害的影响逐渐消失，可以适当加强肥水管理、喷施叶面肥等；但生产中由于误用，喷施到敏感作物上，因为这类除草剂对作物杀伤速度快，生产上没有补救措施，应视作物死亡情况及时补种。

222. 嗪草酮、莠去津、扑草净等三氮苯类除草剂在什么情况下易产生药害? 有什么药害症状?

三氮苯类除草剂为内吸传导型除草剂，是典型的光合作用抑制剂。此类除草剂在高温、高湿的环境条件下应用，会使作物受害的可能性增大。而非对称结构的嗪草酮等，在沙质土、盐碱地（pH>7.5）或土壤有机质含量较低（<2%）以及雨水较多、土壤湿度偏大的情况下应用，很易使当茬适用作物受害。残留较长的莠去津等，用量过多，常易使后茬敏感作物受害。

三氮苯类除草剂不影响作物发芽与出苗，待到出苗见光后才受其害。失绿是最先出现的典型药害症状，通常表现先从下位先出叶片的叶缘、叶尖开始失绿变黄，而后向叶片中基部扩展，但叶脉仍残留淡绿颜色。叶缘、叶尖在变黄之后，常发展为枯焦的火烧状。根部则表现不出异常症状。如花生受莠去津残留为害，表现先从底叶的尖端开始变黄、枯干，随后渐向其他部位扩展。受害严重时，则会使大部分叶片枯凋及植株死亡；油菜受莠去津残留为害，表现出从子叶尖端及先出的真叶叶尖开始褪绿变黄、枯萎，随后渐向叶片的中部、基部及其他叶片扩展。受害严重时，幼苗在子叶期即死。受飘移为害，表现从着药叶片开始沿叶尖、叶缘黄枯；水稻受嗪草酮残留为害，在通常条件下表现先从叶片的尖端开始褪绿变黄，并逐渐枯死，植株生长停滞。

223. 如何安全应用三氮苯类除草剂？

三氮苯类除草剂应在作物种植后、杂草萌芽前使用，有些品种虽然也可在苗后应用，但应在杂草幼龄阶段用药。使用药量应视土壤质地、应用时期而定。在播后芽前施药时，如遇土壤干旱，除草效果下降；生长期施药时，如遇高温干旱、高温高湿天气时，易于发生药害。三氮苯类除草剂中莠去津等品种残效期较长，易于对下茬作物产生药害，在生产应用中一定要按使用说明或在技术部门的指导下进行。

224. 三氮苯类除草剂药害可以补救吗？

三氮苯类除草剂的选择性较强，对玉米等少数几种作物安全，生产中易对其他作物产生药害，而且药害发展迅速，损失严重。对待这一类除草剂的药害主要通过除草剂的安全应用技术加以防范，遇到药害后应视药害程度不同可以采取不同的补救措施。对于药害较轻的情况，可以通过加强肥水管理，喷施叶面肥、光合作用促进剂，如亚硫酸氢钠、油菜素内酯（天丰素）、复硝酚钠等，一般短期内可以恢复；对于药害较重地块，应及时深翻、灌水，而后补种对该类除草剂不敏感作物。

225. 骠马等芳氧苯氧丙酸类除草剂在哪些作物上易产生药害？表现哪些药害症状？

芳氧苯氧丙酸类除草剂常用的主要有精噁唑禾草灵（骠马）、吡氟禾草灵（稳杀得）、喹禾灵（禾草克）等，此类除草剂为内吸传导型除草剂。双子叶植物几乎对此类除草剂的所有品种均具有很高的耐药性，基本不会受其为害（但在高温条件下，施用此类除草剂可使大豆、花生等产生触杀型灼斑）；而禾本科作物则对此类除草剂中的大多数品种非常敏感。

敏感作物受害，首先表现根、茎、叶生长停滞，生长点和茎节间分生组织变褐，然后叶片变紫或变黄并逐渐坏死，也可能在幼芽和茎叶上产生枯斑。如水稻受骠马飘移为害，表现心叶、嫩叶纵卷，颜色变黄或变暗，而呈青枯状，植株变矮，生长停滞。受害严重时，叶片全部蜷缩、变黄、变褐枯死；小麦因骠马用量过大而受害，表现从幼叶基部向上褪绿转黄，并在叶鞘与叶基的结合部位缢缩、枯折，从而使叶片平伏。

226. 什么情况下氟乐灵、二甲戊灵等二硝基苯胺类除草剂对作物产生药害？药害症状是什么？

二硝基苯胺类除草剂是典型的细胞有丝分裂抑制剂，主要用作土壤处理。对敏感作物的药害，由于喷药时雾滴挥发与飘移以及土壤中药剂残留所造成；对抗性作物的药害，则由施药不均、局部过量或间隔日期不够而造成。

禾本科作物受害后主要造成幼芽生长停滞，幼根缩短、变粗，根尖膨大呈畸形。如小麦受氟乐灵残留为害，表现幼根缩短、变粗，根尖膨大呈鼓槌状，芽鞘缩短、肿胀呈圆柱状，幼芽弯曲，茎叶短小。受害严重时，会造成大面积缺苗或无苗；玉米前作大豆氟乐灵用量过高或喷药不匀时，往往造成后作玉米出现药害。主要症状是根肿胀而短，根量少，次生根短而粗，根尖膨大，呈棒槌状，叶片缩短、变宽，植株显著矮小。叶缘淡红色而与缺磷症状近似。药害通常以带状、条状或块状发生。

双子叶作物受害后主要造成胚轴膨胀，主根缩短、变粗和侧根减少。如大豆受氟乐灵为害表现下胚轴肿胀，幼苗顶端生长停滞，叶片呈暗绿色，根系生长受抑制，根尖膨大，根短而粗，无次生根或次生根少而短，无根毛。这些症状在萌芽及幼苗期最明显，随着植株生长，逐步恢复正常。

227. 绿麦隆、异丙隆等取代脲类除草剂的药害症状是什么？

此类除草剂主要是被植物的根和茎叶吸收，因此其对植物的毒害症状主要表现在叶片上。叶片吸收后，叶片的部分叶色变成淡绿，然后成水浸状，最后枯死。如果叶片内药剂浓度较低时，经数天后叶片开始退色或出现灰斑并迅速发黄，最后叶片凋萎。禾本科植物往往在叶尖处最先发生，然后向基部发展。

228. 禾大壮、杀草丹等氨基甲酸酯类除草剂有什么药害症状？

此类除草剂主要是通过作物的幼芽吸收，因此对作物的为害主要是抑制作物顶芽及其他分生组织的发育。在禾本科作物中抑制分生组织，使胚芽鞘畸形。对阔叶作物的为害症状是作物生长点受抑制，叶片成杯状形，受害轻的出土后叶片卷曲，茎肿大，脆而易折断。例如大豆田使用灭草敌时，如播种过深或遇低温，幼苗的叶片皱缩，生长缓慢。

229. 噁二唑类除草剂的药害症状是什么？

作物受噁二唑类除草剂药害后，表现在芽鞘、下胚轴、叶鞘、叶片等触药部位产生块状灼斑，植株矮缩，分蘖减少，生长停滞，甚至死亡。

如水稻用噁草酮拌土撒施受害，表现触水叶鞘、叶片产生块状棕褐色灼斑，植株生长缓慢，茎叶和根系都较细小。受害严重时，外层底叶变黄、变褐枯死。植株矮缩，分蘖减少。

230. 作物误用草甘膦等有机磷类除草剂后表现什么受害症状?

有机磷类除草剂为内吸传导型除草剂。一般具有低毒、低残留而易分解的特点。作物受害，表现生长停滞，有的叶色变深、叶片变形，有的茎叶失绿变黄。受害严重时，植株枯萎。此类除草剂引起作物受害，往往由于使用不当所致。如小麦受草甘膦飘移性药害，表现从植株的下位叶片、叶鞘开始向上逐渐失绿变黄或变灰白而枯萎。受害严重时，植株枯死。

231. 作物误用百草枯等除草剂有什么症状?

此类除草剂为触杀型除草剂，被作物叶片吸收后，迅速产生水渍状灰绿色浸润斑，进而变为灰白、黄白色枯斑，甚至造成叶片全部变青、变黄、枯萎下垂和植株死亡。这类除草剂接触土壤后很快被土壤黏粒与有机质吸附而丧失活性，既不挥发也不残留。只有在喷药当时把药液喷到作物的绿色部位上或有雾滴飘移到作物的绿色部位上才会产生药害。

水稻受百草枯飘移药害，造成叶片迅速脱水枯死或在叶片上留下均匀分布的枯死斑。

油菜受百草枯飘移药害，叶片迅速失绿变为黄白、黄褐色而枯萎、蜷缩、下垂。

232. 药斑与病斑有什么不同?

药斑与生理性病害的斑点不同，药斑在植株上分布没有规律性，在田间分布也有轻有重。病斑通常发生普遍，植株出现症状的部位较一致。药斑与真菌性病害的斑点也不一样，药斑大小、形状变化大，病斑具有发病中心，斑点形状较一致。

233. 作物发生黄化现象，是否就是药害？

作物发生黄化，原因较多，农药阻碍叶绿素的正常光合作用，会发生黄化，但营养元素缺乏或发生病毒病后，作物也会发生黄化，但三者引起的黄化有所区别。药害引起的黄化常常由黄叶变成枯叶，晴天多，黄化产生快；阴雨天多，黄化产生慢。营养元素缺乏引起的黄化常与土壤肥力有关，整个田间黄苗表现一致。病毒引起的黄化黄叶常有碎绿状表现，且病株表现系统性症状，在田间病株与健株混生。

234. 药害引起的畸形与病毒病畸形有什么区别？

药害畸形发生普遍，植株上表现局部症状，常见的畸形有卷叶、丛生、肿根、畸形穗、畸形果等。如水稻受2,4－D药害，出现心叶扭曲、叶片僵硬，并有筒状叶和畸形穗产生，番茄受2,4－D药害，则表现典型的空心果和畸形果。病毒病畸形往往零星发生，表现系统性症状，而且常在叶片上混有碎绿明脉、皱叶等症状。

235. 作物发生药害枯萎与作物染病发生枯萎有何区别？

药害枯萎往往整株表现症状，大多由除草剂引起。如水稻苗期受草甘膦药害，植株表现枯黄死苗，西瓜苗受绿麦隆药害后，则嫩叶黄化、叶片枯焦、植株萎缩，乃至死苗。药害引起的枯萎与植株染病后引起的枯萎症状不同，前者没有发病中心，且大多发生过程较迟缓，先黄化，后死苗，根茎输导组织无褐变；植株染病后引起的枯萎多是根茎输导组织堵塞，当阳光照射蒸发量大时，先萎蔫后失绿死苗，根基导管常有褐变。

236. 药害不孕与气候因素引起的不孕二者有什么不同？

药害不孕症是作物生殖生长期用药不当而引起的一种药害反

应，如在水稻孕穗期错用草甘膦，则出现花秕谷不孕。药害不孕表现为全株不孕，有时虽部分结实，但混有其他药害症状；而气候引起的不孕无其他症状，也极少出现全株性不孕现象。

237. 在病虫草防治过程中，如何避免发生药害？

①新农药坚持先试验后推广应用。

②严格掌握农药使用技术：一是根据对防治对象的防治效果及作物的敏感性合理选用农药；二是按照实际用药面积计算和准确称量农药剂量，并配准农药浓度；三是掌握好施药时期；四是采用恰当的施药方法；五是注意施药质量。

③抓好施药后的避害措施。

238. 新农药的应用为什么要坚持先试验后推广？

因为任何一种农药的使用剂量与不同地区的气候条件、土壤质地、耕作状况等都有直接关系。因此推广应用新农药，必须先经过试验和示范，以了解药剂的性能和掌握其应用技术，有步骤地将技术交给农民群众，切忌照搬外地经验。

239. 为防止药害如何合理选用农药？

选用的农药既要对防治对象有较好的防治效果，又要对应用的作物安全无害，因此选用农药时，要考虑作物的敏感性，不可使用对作物敏感的农药。如稳杀得、盖草能、拿捕净、氟乐灵等除草剂，对禾本科作物较敏感；2 甲 4 氯、丁草胺等对水稻芽期敏感。主要农药的敏感作物如下：

(1) 常用杀虫剂的敏感作物

敌敌畏：高粱、月季花、玉米、豆类、瓜类幼苗。

敌百虫：玉米、苹果、高粱、豆类。

辛硫磷：黄瓜、菜豆、甜菜、高粱。

毒死蜱（乐斯本）：烟草。

杀螟硫磷（杀螟松）：萝卜、油菜等十字花科蔬菜、高粱。

乐果：稀释 1 500 倍以下时对菊科、高粱、烟草、枣、桃、杏、梅、柑橘等作物敏感。

混灭威：烟草。

仲丁威（巴沙）：瓜、豆、茄科作物。

异丙威（叶蝉散）：薯类作物。

甲萘威（西维因）：瓜类。

抑太保：白菜幼苗。

噻嗪酮（扑虱灵）：白菜、萝卜。

杀螟丹（巴丹）：水稻扬花期，白菜、甘蓝等十字花科蔬菜幼苗。

杀虫双：白菜、甘蓝等十字花科蔬菜幼苗，棉花叶面喷雾。

杀虫单：棉花、某些豆类。

克螨特：25 厘米以下瓜、豆、棉苗，稀释不宜低于 3 000 倍；柑橘新梢嫩叶，不宜低于 2 000 倍（均以 73%乳油计）。

克百威（呋喃丹）：在稻田使用时不能与敌稗、灭草丹等使用。

(2) 常用杀菌剂的敏感作物

代森锰锌：烟草、葫芦科作物、某些梨树品种。

石硫合剂：桃、李、梅、梨、葡萄、豆类、马铃薯、番茄、葱、姜、甜瓜、黄瓜等。

波尔多液：马铃薯、番茄、辣椒、瓜类、葡萄、桃、李、梨、苹果、柿子、白菜、大豆、小麦、莴苣等。

(3) 常见除草剂的敏感作物

百草敌（麦草畏）：小麦三叶期前和拔节后以及麦苗生长不正常时敏感。

2,4-滴丁酯：棉花、大豆、油菜、马铃薯、向日葵等双子叶作物敏感。大麦、小麦、水稻秧苗在 4 叶前和拔节后敏感。

莠去津：残效期较长，对某些后茬作物小麦、大豆、水稻敏感，可降低用药量或与其他除草剂混用。

乙草胺：高粱、小麦、谷子等禾本科作物，蔬菜、瓜果敏感。

拿捕净：单子叶作物比较敏感。

草甘膦：灭生性除草剂，施药时防止漂移到附近作物上。

240. 如何掌握好施药时期以防产生药害?

在作物具抗性时期内，选择对防治对象较适宜的阶段用药，也是避免产生药害的一个方面。特别是有些除草剂对于作物的生育期要求极严，在使用这些除草剂时，既要考虑杂草的敏感期以争取良好的除草效果，又要考虑作物的安全期，选择作物耐药或分解能力较强的生育期用药以避免药害。如在麦田使用2甲4氯等植物激素型除草剂，最好在麦苗的分蘖期用药，分蘖期前和拔节开始后用药均有可能产生药害。

241. 如何选用施药方法防止产生药害?

为防止发生药害，必须根据以下三点选择正确的施药方法：①根据农药性能及对作物的敏感性来确定施药方法；②根据农药剂型确定相应施药方法，如水剂、乳油适用于喷雾，粉剂、颗粒剂宜于拌种或撒施；③根据天气状况灵活选用相应的施药方法，如在大风天，不宜用喷雾的方法施用广谱性除草剂，以防雾滴飘移引起作物药害。

242. 如何抓好施药质量防止产生药害?

作物药害与施药质量密切相关，为了提高施药质量，首先，要平整土地，这对除草剂的芽前除草很重要，避免田面高低不平影响药物均匀分布而产生药害。配制农药时要搅拌均匀，拌毒土时要把农药与土充分混匀后再撒施。喷药时要注意农药溶解均匀后再喷，对已产生分层或沉淀的农药不要用，以免影响药效或产生药害。另外，喷施时要注意均匀，要选用恰当的喷幅，防止重喷；对撒施的毒土，采用少土多撒方法，以利撒施均匀。

243. 为防止药害，施药后应抓好哪些防范措施?

（1）彻底清洗喷雾器 如施用除草剂之后不清洗喷雾器，又接着用来喷雾防治病虫害，如果巧遇到对该除草剂敏感作物，就会产生药害，为此要彻底用清水清洗喷雾器。

（2）妥善处理喷雾余液 施药完毕，余下的农药溶液不可乱倒，以防产生药害。

（3）施药后要搞好水浆管理 水田应用除草剂后，要按照药剂的特性做好排灌工作。如水稻播后苗前施用恶草灵的稻田，要防止大水淹苗产生药害。旱地施用除草剂后，要开好排水沟，做到沟渠配套，排水畅通，达到雨止田干的要求，切不可出现雨后积水现象，以免发生除草剂药害。

下篇　各　论

第四章　麦类病虫草害

第一节　病　　害

244. 麦类主要发生哪些病害?

小麦病害主要有纹枯病、赤霉病、白粉病、梭条斑花叶病、腥黑穗病、胞囊线虫病、锈病等，其中纹枯病、赤霉病、白粉病是常发性病害；梭条斑花叶病在部分地区感病品种发生较重；腥黑穗病、胞囊线虫病、锈病部分地区发生重。大麦病害主要有条纹病、黑穗病、黄花叶病等。

245. 小麦生长后期田间出现枯孕穗或枯白穗，是由什么原因引起的?

小麦生长后期田间出现枯孕穗或枯白穗，主要有以下几种原因：①地下害虫、大螟等为害所致。幼虫咬食小麦根、茎部，造成植株枯萎甚至死亡，根、茎部有明显的咬痕，田间多是成丛发生。②小麦纹枯病为害所致。茎基部叶鞘上有梭形或椭圆形云纹状褐色病斑，当病斑侵茎超过小麦茎秆周长 3/4 以上时，造成植株茎秆坏死，从而影响水分和养分的输送，形成枯白穗，多是单株发生。③小麦赤霉病为害所致。主要以穗腐为主，即半穗或整穗穗腐，天气潮湿时，病穗颖片合缝处或小穗基部产生粉红色霉层，气候干燥时病害受抑制形成白穗。④冷害引起的。当小麦在孕穗后期，一般是 3 月中下旬至 4 月上旬，由于低温的影响，一般 4℃以下，使幼穗和旗叶遭到伤害。抽穗后表现为空颖或部分白穗，旗叶叶尖干枯，叶片发黄。⑤干热风造成的枯白穗。干热风发生条件是连续 3～5 天的日最高温度高于 30℃，相对湿度小于 30%，风速在 3 级以上，田间表现特点是整块或整片麦田快速青枯。

246. 小麦纹枯病一般在什么时期发生?

小麦各个生育阶段均可发生纹枯病。纹枯病在田间发生发展主要分为冬前发病期、越冬稳定期、返青上升期、拔节盛发期和抽穗后白穗显症期 5 个阶段。冬前土壤中的病菌侵染麦苗，在 3 叶期前后开始出现病斑，播种早的田块会有明显的侵染高峰。冬季气温低，病菌活动停止，病情不再发展。第二年春天，小麦返青后，天气转暖，随气温的升高，病情又加快发展。小麦进入拔节阶段时，病情开始上升，拔节后期病株率和严重度都急剧增长，达到高峰。小麦抽穗后，植株茎秆组织老健，不利于病菌的侵入与扩展，病害发展减慢，但在已受害的麦秆上，病菌可由表层深及茎秆，加重为害，使病情严重度继续上升，造成田间枯白穗。

247. 小麦纹枯病发生时表现什么样的症状?

云纹状病斑是小麦纹枯病的典型症状。小麦发芽后，芽鞘受病菌侵染后变褐死亡。幼苗一出土，其根茎、叶鞘即可受害，多在 3～4 片叶时表现症状。发病初期，在近地表的叶鞘上产生淡黄色小斑点，后发展成典型的黄褐色梭形或眼点状病斑。病部逐渐扩大，颜色变深，并向内发展延及茎秆，基部茎节腐烂，幼苗不抽新叶，猝倒而死亡；小麦生长中后期，叶鞘上的梭形病斑联合，呈云纹状，中间淡黄褐色，周围有较明显的棕褐色环圈。茎部病斑梭形，边缘褐色，中部灰白至草黄色。病斑可沿叶鞘向植株上部扩展，直至剑叶，可形成青褐色至黄褐色花秆，叶鞘及叶片早枯。麦株间湿度高时，病斑也可向内发展深入茎秆，导致烂茎，造成倒伏、枯孕穗或枯白穗。

248. 小麦纹枯病对小麦产量有多大影响?

小麦受纹枯病为害，一般病田病株率为10%～20%，重病田块可达60%～100%，特别严重田块的枯白穗率可高达20%以上。病株于抽穗前部分茎蘖死亡，未死亡的病蘖也会因输导组织被破坏、养分和水分运输受阻而影响麦株正常生长发育，导致麦穗的穗粒数减少，籽粒灌浆不足，千粒重降低，一般减产10%左右，严重时高达30%～40%以上。

249. 气候条件是否影响小麦纹枯病的发生?

气候条件是影响纹枯病发生和为害轻重的重要气象因素。秋冬季温、湿度高，有利于冬前侵染，引起苗期发病；春季温、湿度偏高，特别是遇到长期连阴雨的年份，病害发生重。当日均温在10℃以下时，病害发展缓慢，日均温度超过15℃，病情开始上升，20～25℃则迅速发展，病株率和病情严重度都急剧上升，达30℃病害发展基本停止。

250. 如何控制小麦纹枯病的发生?

多年研究结果表明，小麦纹枯病受多因子综合影响，除受气候条件影响外，品种、播期、播量、施肥水平、草害、化学防治质量等因素也影响纹枯病的发生。因此，小麦纹枯病应采取以农业防治措施为基础，种子药剂处理为重点，早春辅以药剂防治的综合防治措施，才能控制它的发生和为害。即选用抗耐病品种；适当推迟播期；合理掌握播种量；合理施肥，避免过量使用氮肥，合理施用磷肥，增施钾肥；及时防除杂草；播前进行种子药剂处理；早春进行药剂防治。一般在小麦分蘖末期，病菌开始侵入茎秆前，病株率达15%时进行第一次用药，隔7～10天视病情再防治1次。

251. 播期、播量对小麦纹枯病的发生有影响吗?

播期早迟对纹枯病发生的影响效应主要表现在冬前侵染期。一般播种早，适宜病菌浸染温度所经历的时间长，冬前发病率就高；播量多少主要影响春季及后期小麦群体大小而引起茎基部湿度的大小，从而影响发病。一般播量大，小麦群体大，有利于病害的发生。

252. 肥料施用与小麦纹枯病的发生有何关系?

一般氮肥施用过多，麦苗长势过旺，分蘖多，田间通风透光条件差，湿度大，有利于发病。另外，氮素过多，小麦体内游离氨基酸增加，抗病力减弱，病菌侵染机会增多；合理施用磷肥，能增加麦株的抗逆性，能在一定程度上抵抗纹枯病的为害；增施钾肥促进氨基酸的运输，有利于蛋白质的合成，促进糖分转变为淀粉等高分子化合物，降低游离氨基酸含量，减少病菌侵染机会。据泰兴市植保站1991年试验，在每公顷施纯氮187.5千克的基础上，每公顷增施钾肥105千克，病指降低10.7。

253. 什么药剂防治小麦纹枯病最好?

常用药剂井冈霉素目前对小麦纹枯病仍有效果，但持效期较短，对发病较重的田块，应采取高药量、大水量的方法，如每公顷用5%井冈霉素水剂7 500毫升加水750～1 125千克喷洒，隔7～10天喷一次，连续2～3次。选用井冈霉素与枯草芽孢杆菌或蜡质芽孢杆菌的复配剂，有利于提高防效，延长持效期。从近年来应用情况看，丙环唑、已唑醇对小麦纹枯病的防效好，持效期比井冈霉素长，所以生产上可以选用丙环唑、已唑醇单剂或已唑醇与井冈霉菌素的复配剂以及丙环唑与苯醚甲环唑的复配剂等药剂，如每公顷用42%井冈·蜡芽菌600～900克、11%井冈·已唑醇600克、6%井冈·蛇床素750～900克等，以提高对纹枯病的防治效果，减少用药次数。

254. 为什么小麦叶片上会出现白粉状病斑?

小麦叶片上出现白粉状病斑一般是由白粉病为害造成的。该病在小麦苗期至成株期均可为害，除为害叶片外，严重时也可为害叶鞘、茎秆和穗部。一般叶正面病斑较叶背面多，下部叶片较上部叶片病害重。病部表面附着白粉状霉层，病部最先出现白色丝状霉斑，逐渐扩大并相互联合，呈长椭圆形较大的霉斑，严重时可覆盖叶片大部，甚至全部，霉层厚度可达2毫米左右，并逐渐呈粉状。后期霉层逐渐由白色变为灰色，上生黑色颗粒。叶早期变黄，卷曲枯死，重病株常常矮缩不能抽穗。

255. 什么气候条件下易发生小麦白粉病?

小麦白粉病发生的温度范围为5～25℃，最适温度为15～20℃，10℃以下发生缓慢，25℃以上病害发生受到抑制。阴雨天多，湿度较大，光照不足时易流行为害。适量降雨有利于发病，但雨水过高、雨量过大且集中，反而不利于病害的发生。

256. 小麦发生白粉病后对产量有多大损失?

近年来，随着麦田施肥水平的提高及高产田群体密度加大，小麦白粉病发病逐年加重。白粉病菌寄生小麦后，植株呼吸作用提高，蒸腾强度增加，光合效率降低，严重影响了小麦的正常生长发育，小麦叶片早枯，分蘖和成穗率降低，千粒重下降，造成减产。据调查，小麦受白粉病为害严重的田块可减产20%～30%。

257. 哪些农业措施可以减轻小麦白粉病的发生程度?

选用抗病品种是预防小麦白粉病发生最行之有效的方法。生产上各小麦品种间的抗病能力存在差异，目前江苏省大面积种植的扬麦 158、扬麦 11、扬麦 15 等扬麦系列品种相对较耐病，而宁麦 8 号、宁麦 9 号、宁麦 13 号等品种为易感病品种。麦类白粉病发生轻重受栽培条件的影响也较大，加强春季田间管理，及时清沟理墒，降低田间湿度；合理施肥和密植，氮、磷、钾肥平衡施用，适当增加磷钾肥等正确的栽培措施均可减轻发病。

258. 小麦发生白粉病后如何防治?

药剂防治是春季防治小麦白粉病的主要措施，该措施可收到明显的控制病害蔓延的效果，施药的次数及时间可根据发病早晚、病情轻重和药剂种类而定。该病流行性强，在小麦孕穗抽穗期，病株率达 10%时应及时用药，以后病情还有发展，隔 7～10 天再用第二次药。三唑酮是目前生产上用于防治小麦白粉病的常用药，每公顷可用 15%三唑酮可湿性粉剂 750～900 克。但长期、大量、单一地用药可能会使白粉病病菌对三唑酮产生抗药性。烯唑醇及其与三唑酮的复配剂对小麦白粉病的防效较好，可与三唑酮轮换使用，以缓解病菌抗性逐年上升的趋势，提高对白粉病的防治效果。

近几年，白粉病早发、重发趋势比较明显，小麦“两防一喷”时对白粉病尽管进行了防治，但目前所用的复配剂农药中，防治白粉病的药剂量低，难以达到防治效果，导致近两年后期白粉病发展快，即使后期专题防治也难以控制。因此，今后白粉病的防治应引起重视，特别是“两防一喷”时，防治白粉病的药剂一定要用足药量。

259. 小麦穗子上出现粉红色霉层是什么病害?

小麦穗子上出现粉红色霉层，是赤霉病为害穗部造成穗腐的典型症状。小麦的各个生育阶段均能受赤霉病为害，引起苗腐、茎基腐、秆腐、穗腐，但以穗腐为害最重。小麦扬花后感染赤霉病病菌，发病初期在颖壳上出现边缘不清的水渍状褐色斑，逐渐蔓延至整个小穗，病小穗随即枯黄，病情扩展可达整个小穗或多个小穗。发病后期在颖壳缝隙处或小穗基部出现粉红色胶质霉层，在高湿条件下粉红色霉层（分生孢子座和分生孢子）处产生蓝黑色小颗粒（子囊壳）。

260. 小麦赤霉病穗腐的初侵染来源是什么?

引起麦类赤霉病穗腐的初次侵染来源，主要来自土表作物残体上的子囊孢子。赤霉病病菌在田间稻桩、小麦秆等各种植物残体上以菌丝体越夏、越冬。春天，田间残留稻桩、小麦秆上的病菌在一定温、湿度条件下产生子囊壳，成熟后吸水破裂，壳内病菌孢子喷射到空气中并随风雨传播（微风有利于传播）到麦穗上引起发病，小麦收获后，病菌又寄生于田间稻桩、麦秆上越夏、越冬。

261. 小麦赤霉病的流行需要什么样的条件?

小麦赤霉病的流行与否主要取决于易感病生育期、适宜发病的暖湿气候条件、大量的菌源这三个因素的吻合程度。菌源一般均具备，扬花期是小麦易感病生育期，在此期间，雨日、雨量和相对湿度是病害能否流行的主导因素。扬花期遇连阴雨有利于病害扩展。

262. 为什么小麦赤霉病的防治每年都采取“防治一交不动摇，防治二交看需要”的防治策略?

①天气条件有时很难预测：小麦赤霉病是典型的气候型病

害，一旦扬花期遇连阴雨，病害就会流行，即使想防治也因下雨而防治困难，等到雨过天晴后再防治，往往已错过防治适期。②现有药剂都是保护剂：一旦发病显症后再补救，防治效果很差。因此在最易感病生育期主动出击，进行药剂防治是赤霉病防治的关键性措施，并且对于赤霉病的防治，只能采取防治一交不动摇，防治二交看需要的防治策略。

263. 为什么小麦穗期用药防治后赤霉病仍然发生重?

小麦穗期每公顷用50%多菌灵可湿性粉剂1 500～1 875克或50%多菌灵、福美双合剂1 500～1 875克等药剂防治后，赤霉病仍然发生重，很有可能与防治适期有关。赤霉病防治效果主要取决于首次施药的时间，通常最佳施药期为扬花期。一般情况下，小麦先抽穗后扬花，应在扬花株率10%时施药。如果穗期温度高，小麦边抽穗边扬花，则应提前至齐穗期施药。有些田块防治后仍出现病穗，原因是：①过早施药：小麦始穗到扬花需要经历一段时间，气温低时需经历4～7天左右才能到达扬花期，在始穗期施药，药效持续到扬花期会大打折扣。如果喷后遇雨药效更低。②过迟施药：扬花后病菌大量侵入时再用药，很难保证防治效果，导致田间出现大量病穗。一旦显症后用药补治，仅对病情有一定的抑制作用，防效甚微。

264. 什么情况下，小麦赤霉病需要防治二次?

①小麦品种严重感病。②首次用药后遇连续高温、高湿天气条件。③生育期不整齐，扬花期持续7天以上。

265. 小麦赤霉病发病严重时，收获的小麦为什么不能食用?

小麦赤霉病发生严重时，不仅严重影响产量，同时收获的病麦含有赤霉病病菌产生的多种毒素，毒素主要包括两大类：一类是致呕作用的致呕毒素，有二十余种；另一类是对动物生殖器官有明显副作用的赤霉烯酮毒素。人或动物食用后轻者出现恶心、胸闷、呕吐、头晕等症状，重者会出现窒息，甚至危及生命，所以收获的病麦病粒率在4%以上不能食用或做饲料，可用来制作糨糊等。

266. 小麦梭条斑花叶病是一种什么样的病害？其危害性有多大？

小麦梭条斑花叶病是一种土传病毒病，该病又称小麦黄花叶病，一般只为害冬小麦，早春麦苗返青起身时发病。发病初期病株新叶表现褪绿至坏死的梭形条斑，与绿色组织相间，成花叶症状；后期病斑扩散增多，可导致整个病叶发黄、枯死，发病严重者植株矮化，分蘖减少。新病田有1至多个发病中心，一般2～3年即可扩大至全田和邻近麦田；老病田一般无发病中心，严重时全田表现一片枯黄。一般发病较轻的麦田，病株（因感染时间较晚）后期随着气温升高超过15℃，田间病害逐渐隐症；重病田块麦苗初期黄化，严重的病株矮化、病叶枯死、有效分蘖明显减少，并可出现死苗。抽穗后，发病田恢复生长较快，但仍比健株矮小，且植株高矮参差不齐，穗小，多畸形。一般病田损失10%～20%，严重田损失50%以上，甚至失收。

267. 小麦梭条斑花叶病病毒如何侵染小麦？

该病毒主要通过病土、病根残体和病田流水自然传播，摩擦接种也可传播。病毒初侵染源为田间病残组织上带毒的多黏菌的休眠孢子。冬小麦播种后，病土和病残根里的禾谷多黏菌休眠孢子产生游动孢子侵染2～3叶期麦苗，秋苗感病后不表现症状，第二年春季麦苗返青时开始显症。小麦越冬期病毒呈潜伏侵染状态，小麦生长后期禾谷多黏菌形成休眠孢子，麦收后病毒随休眠孢子越夏。

268. 小麦梭条斑花叶病发生蔓延的主要原因是什么？

连年种植感病品种，导致病田毒源积累是小麦梭条斑花叶病发生蔓延的主要原因。江苏省大面积种植的扬麦 11 号、扬麦 12 号等系列品种多为感病品种，导致近年来在部分地区该病害发生流行。

269. 小麦梭条斑花叶病的发生与温湿度是否相关？

秋播后的土温和土壤湿度及翌年小麦返青期的气温与发病关系密切。禾谷多黏菌休眠孢子是在秋季小麦苗期萌发成游动孢子侵染小麦根部的，休眠孢子萌发侵染的最适土温为 15℃左右，土壤湿度较大有利于休眠孢子的萌发和游动孢子的侵染，土温高于 20℃和干旱时不利于侵染。早播的土温有利于休眠孢子萌发侵染，发病重；迟播则不利于休眠孢子萌发侵染，发病轻。翌年气温回升后开始发病，病情发展的适温为 5～15℃之间。因此，早春小麦返青期 5℃以上气温回升早，15℃以上气温到来迟，发病重。

270. 如何控制小麦发生梭条斑花叶病？

小麦梭条斑花叶病是一种病毒病，目前还没有有效药剂控制它的发生。防治小麦梭条斑花叶病应坚持“推广抗病、耐病丰产品种为主，加强农业栽培综合管理”的防治策略。

（1）推广抗病、耐病丰产品种，是防治此病最经济有效的措施　目前，江苏省推广的宁麦 8 号、宁麦 9 号、宁麦 13 等宁麦系列的品种对梭条斑花叶病有较强的抗病性。

（2）加强农业综合管理　①合理调整作物布局，重病地区及重病田可与大麦、油菜等非寄主作物实行多年轮作倒茬，可明显减轻病害和减少毒源的积累；②适期晚播，尽可能避开病害侵染高峰，缩短病原体的侵染时间，从而减轻发病程度；③增施基肥，发病初期早施速效氮肥、磷肥等，可促进生根，快出新叶，增强植株抗耐病能力，减少病害损失；④加强管理，防止病残体、病土或病田流水传入无病区，避免串灌。

271. 元麦、大麦条纹病是一种什么病害?

元麦、大麦条纹病是由种子带菌引起的系统侵染性病害，对元麦、大麦生产威胁很大。元、大麦幼苗期至成株期均能发病，主要为害叶片。病初叶片出现轻微的淡黄色斑点或短条纹，随着叶片生长逐渐扩展，形成与叶脉平行的浅色条纹，至拔节孕穗期病斑中央变为黄色，边缘褐色，表面有黑色霉层（即病菌分生孢子梗及分生孢子），后期病叶破裂干枯，整株枯死。一般病株较健株矮小，不能抽穗，整株枯死；能抽出的穗弯曲畸形，不能结实或籽粒不饱满。

272. 条纹病病菌是如何侵染为害元麦、大麦的?

病菌一般以休眠菌丝体潜伏在种子表皮层内，随种子传播。带菌种子播种后种子内的菌丝体恢复活力，种子萌发时菌丝侵入芽鞘内壁侵入邻近叶片为害，出现条状病斑，发病后期侵入穗部，病穗上产生的分生孢子再侵染健株种子。土壤温度较低，在12～16℃时，有利于发病。元麦、大麦播后低温多雨，生长期间高温高湿，植株染病几率增加，种子带菌率高，次年发病重。

273. 元麦、大麦条纹病可以防治吗?

元麦、大麦发生条纹病后，无药可治。播前进行种子处理是防治元麦、大麦条纹病最根本、最有效、最经济的措施。可以用10%二硫氰基甲烷乳油（浸种灵）350～400倍液均匀拌麦种（以药液将种子全部湿润并有少量余液为度），堆闷6～8小时，晾干后播种；或者用1%生石灰水（即1千克生石灰加水100千克）浸种，100千克石灰水可浸麦种50～60千克，浸种时水面要始终高出种子面8～10厘米。用石灰水浸种，浸种时间随气温高低而不同，气温在35℃时浸种1天，30℃时浸1～2天，25℃时浸2天，20℃时浸3天。

第二节 虫 害

274. 麦类害虫有多少种？主要害虫是哪些？

我国已知为害小麦的害虫有200种左右。在江苏主要害虫有麦蚜、黏虫、麦蜘蛛、麦叶蜂、灰飞虱以及地下害虫蛴螬、蝼蛄和金针虫等，其中麦蚜、灰飞虱为常发性害虫；黏虫、麦蜘蛛、麦叶蜂、蛴螬、蝼蛄和金针虫为间歇性或局部地区害虫。

275. 麦蚜主要为害特点如何？

为害小麦的蚜虫主要有麦二叉蚜、麦长管蚜、禾谷缢管蚜，均属同翅目、蚜科。麦蚜的寄主除麦类作物外，亦为害玉米、高粱、马唐、看麦娘等多种禾本科植物。禾谷缢管蚜在北方尚能为害桃、李等李属植物。麦蚜以刺吸口器吮吸麦株茎、叶和嫩穗的汁液。麦苗受害，轻的叶色发黄，生长停滞，分蘖减少，重的枯萎死亡；穗期受害则麦粒不饱满，品质下降，严重时麦穗干枯不能结实。此外，麦二叉蚜和麦长管蚜在黄河流域及西北麦区还能传播大麦黄矮病毒，引起小麦黄矮病的流行，造成比刺吸为害更大的损失。

276. 什么样的气候条件有利于蚜虫的大发生？

通常冬暖春旱麦蚜有猖獗可能，主要是冬暖延长麦蚜繁殖时间，增加了越冬基数；春旱提早了麦蚜的活动期，增加了繁殖机会，可为穗蚜发生积累更多的虫源。就湿度而言，春季持续干旱，是麦二叉蚜发生猖獗的一个重要条件，而春季雨水较多，对麦长管蚜的种群扩增具有一定的作用。

277. 防治小麦蚜虫的农业措施有哪些？

麦蚜的防治应以农业防治措施为基础，主要措施包括清除田边杂草寄主，适时冬灌，早春耙磨镇压，对杀伤麦蚜防止早期为害有一定的作用。此外，注意选育推广抗病耐蚜的丰产品种，冬麦区适当迟播，春麦区适当早播，增施基肥和追施速效肥等，促进麦株生长健壮，增加抗蚜的能力，都是防蚜增产的有效措施。

278. 如何确定小麦蚜虫的防治适期？怎样防治？

一般当有蚜株（茎）率超过25%，百株（茎）蚜量250头以上，气象预报近期内无中到大雨，即应该开展防治；或3天后调查，蚜量明显上升，百株（穗）蚜量超过500头，即应迅速开展防治。

穗期治蚜要选用速效、低残留的农药，以减少对粮食的污染和对天敌的杀伤。每公顷用10%吡虫啉可湿性粉剂300克，或25%辛·氰乳油750毫升，或2.5%溴氰菊酯乳油450毫升，或3%啶虫脒乳油600毫升，加水750千克喷雾。喷药适期掌握在小麦扬花后麦蚜数量急剧上升期，但扬花期防治增产效果优于灌浆期防治，应提倡适期早治。

279. 麦蜘蛛分哪几种？主要为害症状怎样？

为害小麦的麦蜘蛛主要有麦圆蜘蛛和麦长腿蜘蛛两种。前者属蛛形纲、蜱螨目、叶爪螨科；后者属叶螨科。

麦蜘蛛以吸食麦叶汁液为主，叶面呈现黄白色小斑点，后斑点合并成斑块，使麦苗逐渐枯黄，初期田间出现黄叶塘，后扩散至全田，重者可使麦苗整片枯死。

280. 什么环境条件有利于麦蜘蛛的发生？

麦蜘蛛在连作麦田靠近村庄、沟渠田埂等杂草较多的田块发生为害重，水旱轮作和麦后耕翻的田块发生轻；推广免耕有加重为害的趋势。麦圆蜘蛛发生的最适温度为8～15℃，最适湿度在80％以上，故水浇地、地势低洼、秋雨多、春季阴凉多雨以及在沙壤土上易成灾；麦长腿蜘蛛发生的最适温度为15～20℃，最适湿度在50％以下，因此，秋雨少、春暖干旱以及在壤土、黏性土壤麦田发生为害严重。

281. 麦蜘蛛怎样进行防治？

（1）农业防治　结合当地栽培制度，因地制宜地尽可能采用轮作倒茬，避免小麦多年连作，既有利于作物生长，又可显著减轻麦蜘蛛为害。麦收后浅耕灭茬，或及早深耕，冬春合理进行麦田灌溉，也可以减轻为害。及时增施速效肥以促进麦株恢复生长，提高抗螨耐害性。

（2）化学防治　春季小麦返青后，上部叶10％以上叶面有被害斑点时，应及时用药防治。每公顷用1.8％阿维菌素900毫升或73％克螨特450毫升，加水750千克左右进行均匀喷雾，药后5～10天进行复查复治。

282. 为什么说小麦黏虫是间隙性暴发害虫？

黏虫为食叶性害虫，猖獗为害时，麦叶被吃光，产量损失5％～20％，若咬断穗子，则损失更重。70年代大发生的频率很高，如1977年仅江淮区1代黏虫发生面积就达8 000万亩，但自进入80年代后，由于南方冬小麦面积压缩，北迁虫源大为减少，江淮流域仅个别年份出现局部严重为害。因此，黏虫属间歇大发生的害虫。

283. 为什么黏虫防治适期应掌握在幼虫2、3龄盛期？

黏虫1～2龄幼虫仅啃食叶肉形成透明状条纹状斑，3龄后沿叶缘啃食成缺刻，5～6龄即进入暴食期，食叶量占整个幼虫期的 90%以上，不仅会造成严重为害，而且由于抗药力增强，会影响防治效果。因此，药剂防治适期应掌握在低龄幼虫阶段，即 2、3 龄幼虫盛期。

284. 黏虫的防治指标是多少？化学防治方法如何？

小麦田每公顷虫量 135 000～150 000 头、大麦田每公顷虫量 90 000 头以下不会造成多大灾害，在这些麦田内可进行挑治；小麦田每公顷虫量高于 150 000 头、大麦田每公顷虫量高于 90 000 头的应列为防治田块。

防治方法是：掌握在 2、3 龄幼虫盛期，每公顷用 2.5%溴氰菊酯乳油 750 毫升，或 25%辛·氰乳油 750～900 毫升，或 18%杀虫双水剂 3 000 毫升，加水 900 千克均匀喷雾。

285. 麦田插草把对控制黏虫的发生有什么作用？

麦田插草把，主要是利用黏虫成虫喜产卵于植株中下部枯黄叶片的尖端、叶背或叶鞘内的特性，在麦田插草把诱卵，定期集中焚毁可以压低黏虫发生基数，同时可根据草把诱卵量，预报发生期和发生程度，发布中期预报。

方法是：选不霉烂、稻叶较长的稻草 10 根，尖稍朝下扎成伞形，插把高度要高出麦苗顶 5 厘米左右，或选用新鲜的芦竹梢、苫棵，每公顷麦田插 300 把（根）左右，插把时间 3 月 1 日～4 月 10 日，每 5 天调查 1 次卵量或每 10 天换 1 次草把并烧掉。

286. 糖醋诱蛾的作用和方法如何？

黏虫成虫飞翔力强，有昼伏夜出习性，白天静伏，日落后外出活动，成虫对糖、醋、酒混合液有强烈的趋性，因此，利用糖醋诱蛾可预测黏虫发生期。

糖醋诱蛾液的配制和使用方法是：酒 0.5 千克，水 1 千克，糖 1.5 千克，醋 2 千克调和后加入少量 90%晶体敌百虫，再调拌均匀即可使用，配好的浆液放在广口浅底的瓦瓷盆等盛器内。糖醋毒浆每公顷放 3～5 盆，盆放在离地 1 米高的架上，盆上遮一块玻璃，傍晚掀开，早晨将蛾子捞去并盖好玻璃，这样每天按时操作，即可掌握虫害发生的情况，又可减少毒浆的浪费。

287. 小麦苗期发黄枯死，检查发现根茎部被咬断，是哪种地下害虫所害？

为害麦苗的地下害虫主要有蛴螬、蝼蛄和金针虫三种，其发生和为害特点各有不同。蝼蛄通常将麦苗嫩茎咬成乱麻状，断口不整齐；蛴螬通常将麦苗根茎处咬断，断口整齐；金针虫则钻食幼苗嫩心，被害部呈乱麻状，但外皮仍连在一起。生产上可根据麦苗的受害症状判断是受到了哪种地下害虫的为害，然后有针对性地采取防治措施。

288. 蝼蛄有什么发生规律？

蝼蛄有华北蝼蛄和东方蝼蛄两种。华北蝼蛄生活史较长，需 3 年左右完成 1 代。以成虫和 8 龄以上若虫越冬。翌春 4 月下旬至5 月上旬越冬成虫开始活动，6 月开始产卵，6 月中下旬孵化为若虫，10～11 月以 8～9 龄若虫越冬。来年 4 月上中旬越冬若虫开始活动为害，秋季以大龄若虫越冬。第三年春季，大龄若虫越冬后开始活动为害，8 月上中旬若虫老熟，羽化为成虫。经过补充营养成虫进入越冬期。第四年 5～7 月交配，6～8 月产卵继续繁殖。

东方蝼蛄在北方地区两年发生 1 代，在南方一年 1 代，以成虫或若虫在地下越冬，清明后上升到地表活动。5 月上旬至 6 月中旬是蝼蛄最活跃的时期，也是第一次为害高峰期，6 月下旬至 8 月下旬，天气炎热，转入地下活动，6～7 月为产卵盛期。9 月气温下降，再次上升到地表，形成第二次为害高峰。10 月中旬以后，陆续钻入深层土中越冬。

289. 蝼蛄的为害特点是什么?

华北蝼蛄成虫或若虫咬食小麦根部及靠近地面的幼茎，使之呈不整齐的丝状残缺；也常食害刚播种或刚发芽的种子。还在土壤表层开掘纵横交错的隧道，使幼苗须根与土壤脱离，枯萎而死，造成缺苗断垄。

东方蝼蛄为害水稻造成枯心苗，稻茎基部被咬，严重的被咬断，呈撕碎的麻丝状，心叶变黄枯死，受害稻株易拔起，稻茎上无蛀孔，无虫粪，这种症状在落水晒田时或稻株四周无水时才能见到。东方蝼蛄为害其他作物的特点与华北蝼蛄相似。

290. 蝼蛄有什么生活习性?

华北蝼蛄多在土中栖身，越冬深度可达 100～150 厘米。产卵时在土中 15～30 厘米处做土室，卵产在土室内。产卵期长达 1 个月，产卵 3～9 次，每头雌虫产卵 200～300 粒，最多可产 500～1 000 粒。喜产卵于轻盐碱地中的无植被覆盖的向阳高燥田埂、路旁或缺苗断垄处。成虫昼伏土中，夜间活动。有明显的趋光性、趋化性、趋粪性和喜湿性。蝼蛄特别喜欢靠近有香甜味的地方，并喜欢靠近未发酵好的粪堆、粪坑。华北蝼蛄在孵化后 20 天之内，有群集的习性，可以利用此有利时机进行捕杀。4～11 月为蝼蛄的活动为害期，以春、秋两季为害严重。

东方蝼蛄昼伏夜出，以夜间 9～11 时活动最盛，特别在气温高、湿度大、闷热的夜晚，大量出土活动。早春或晚秋因气候凉爽，仅在表土层活动，不到地面上，在炎热的中午常潜至深土层。东方蝼蛄具趋光性，并对香甜物质具有强烈趋性。成虫、若虫均喜松软潮湿的壤土或沙壤土。

291. 蝼蛄发生需要什么样的土壤条件?

蝼蛄适宜的土壤含水量为 20％以上。土壤含水量低于 15％

时蝼蛄活动减弱。土壤潮湿、疏松肥沃的沙壤土发生多，为害重。腐殖质多的土壤和沙壤地里，尤其轻碱地、低洼地块或施了没有腐熟厩肥的地块发生较重。在蝼蛄的为害季节，降水日数多、土壤湿度大，为害重；否则，为害轻。

292. 蝼蛄发生需要什么样的温度条件?

蝼蛄喜欢温暖。耕作层土温在 15～20℃时，蝼蛄活动最活跃。当早春气温回升到平均 2.5℃左右、20 厘米土温 2.5～2.8℃时，越冬虫体开始苏醒，当平均气温 7℃左右、20 厘米土温 5.4℃左右时，地面出现蝼蛄潜行的隧道，当平均旬气温和 20 厘米土温 15～20℃时，是蝼蛄猖獗为害时期。

293. 怎样对蝼蛄进行化学防治?

防治适期：播种期药剂拌种。苗期或小麦返青期，蝼蛄开始为害时，用毒饵或喷雾法进行防治。

播种期药剂拌种方法是：用 50%辛硫磷乳油 300 毫升或 48%毒死蜱乳油 150 毫升，对水 30 千克，拌种 225 千克，拌后堆闷 3～5 小时播种；苗期毒饵法是：每公顷用麦麸、豆饼、米糠等 30 千克炒香后，加适量水与 50%辛硫磷乳油 375 毫升制作毒饵，傍晚撒于田间；喷雾方法是：每公顷用 50%辛硫磷乳油 3 750 毫升加水 900 千克进行喷雾防治。

294. 金针虫的发生规律有哪些?

沟金针虫世代历期长，在江苏、安徽、山东、河南、河北等地，大多三年完成 1 代。各个虫态发育进度不够整齐，致使世代重叠，成虫、幼虫交替重叠，在地下越冬，越冬深度因地区和虫态不同，分布在 10～85 厘米间。成虫期 210 天左右，卵期 20 天左右，幼虫期 850 天左右，蛹期 18 天左右。在苏北地区，越冬成虫于 3 月上旬开始活动，3 月中旬至 4 月中旬为活动盛期。5

月上旬温度逐渐升高，幼虫开始向土层深处移动，并在深土层越夏。9月下旬至10月上旬，表土温度渐低，幼虫又回到13厘米以上的土层活动，为害秋播作物幼苗。10月下旬温度渐低，幼虫下潜深土层中越冬。

细胸金针虫世代历期较长，在江苏、安徽、山东、河南、河北等地，大多三年完成1代。各个虫态发育进度不够整齐，致使世代重叠，成虫、幼虫交替重叠在地下越冬。成虫期250天左右，卵期25天左右，幼虫期450天左右，蛹期12天左右。越冬幼虫于2月中旬小麦返青后开始上升，为害越冬作物和早春作物，3月上旬至5月下旬为活动为害盛期，处于拔节期的小麦和早春作物受害严重。细金针虫没有明显的越夏性，除越冬期不为害外，春、夏、秋三季都可为害。但以春、秋两季为害最重。春季干旱年份越冬作物受害轻，夏播作物的苗期受害严重。小麦的生育期长，苗期和拔节期两次受害，是受害最重的作物。

295. 金针虫的为害特点是什么?

幼虫在土中取食播下的种子、萌出的幼芽、农作物和菜苗的根部，致使作物枯萎致死，造成缺苗断垄，甚至全田毁种。

296. 金针虫成虫的生活习性是什么?

沟金针虫成虫白天躲在麦田或杂草中和土块下，夜出活动交配产卵。雌虫不能飞行，行动迟缓，具假死性，无趋光性。每头雌虫产卵32～166粒，平均产卵94粒，卵散产于3～7厘米土层中；雄虫飞行力较强，有趋光性，夜晚多在麦苗上活动停留。由于雌成虫活动能力弱，一般多在原地交尾产卵，故扩散为害受到限制，因此在虫口密度高的田内一次防治后，在短期内种群密度不易回升。

细胸金针虫成虫白天躲在麦田或田间杂草中和土块下，夜出活动交配产卵。成虫有补充营养习性，出土后靠爬行或短距离飞动觅食或寻偶交配。有多次交尾习性。成虫趋光性弱，有假死性和很强的叩头反跳能力。对稍有萎蔫的新鲜杂草和糖液有较强的趋性。成虫喜食小麦叶片，有的从边缘为害，形成缺刻；有的为害叶肉，残留叶脉和另一面的表皮。被害处干枯后则成不规则的残碎破洞。成虫除喜食小麦的叶片外，还能为害春播作物的幼芽，造成缺苗断垄。

297. 金针虫的发生与温度有何关系？

沟金针虫成虫的活动受温度的影响。在春季 5～10 厘米土温稳定在 5℃左右时，开始出土活动，时间在 2 月下旬至 3 月上旬。3 月中下旬，平均气温升达 10℃左右、5～10 厘米土温为 12℃左右时为活动盛期。春季降温，气温低于 6℃或大风（5 米/秒）天气，则成虫不出土，如出土后天气变化，则很快入土潜伏。沟金针虫幼虫在土中的垂直活动与土壤温度有直接关系。在小麦返青期，当早春平均气温和 5～10 厘米土温连续 10 天升达 3℃以上时，沟金针虫上移到 10 厘米土层内开始为害小麦等越冬作物和早春作物；平均气温和 5～10 厘米土温升达 4～6℃时，沟金针虫上移到 5～7 厘米土层内，进入为害始盛期；升达 9～12℃时，沟金针虫上移到 5 厘米以内的土层内，达到为害高峰期。5 月中旬以后，土温有时已达 30℃以上，幼虫向下移动而越夏，9～10 月又上移活动，为害秋播麦苗，11 月中旬以后，幼虫多在 10～30 厘米深处越冬。

细金针虫无论是成虫的出土活动，还是幼虫的为害都与温度有密切的关系。成虫活动的适宜温度是 13～27℃，在出土期内，如晚上温度低于 13℃，成虫很少出土活动。晚上出土后，如夜间气温下降快，则成虫提前入土。12 月旬平均气温下降到 1.3℃、10 厘米土温降到 3℃以下时，幼虫下移到深土层越冬。春季旬平均气温稳定在 3.9℃、10 厘米土温稳定在 4.8℃时，部分幼虫上移为害；当旬平均气温和 5～10 厘米土温上升到 15℃

左右时进入幼虫为害高峰。夏季气温高，10 厘米土温在 24℃以上，幼虫大多下移至 10 厘米以下土层内活动为害；如遇连续阴雨、地温下降、土壤水分大时，细胸金针虫就上升到土表活动为害，雨停后又转高温，则又下移至深土层活动。秋季 10 厘米土温下降到 20℃以下时，细胸金针虫重新上移为害，当 10 厘米土温下降到 12～15℃时，进入秋季为害高峰。

298. 金针虫的发生与土壤湿度有何关系？

土壤湿度是决定沟金针虫为害猖獗的重要因素，适宜的土壤湿度为 15%～18%，较能适应干燥，主要发生在旱地块。其为害严重程度与早春雨量有密切关系。一般而言，春季雨水较多，土壤墒情好，对沟金针虫的活动有利，为害加重；反之，春季干旱，表土墒情不好，影响沟金针虫的活动，为害也较轻。但如果水分过多，对金针虫的活动及代谢作用受到一定影响，会暂停取食，而向较深土层活动，当土壤湿度达到 35%～40%时，金针虫即停止为害，下潜到 15～30 厘米深的土层中。

细胸金针虫对水分特别敏感，只能生活在地下水位高、土壤质地较黏重、保水性能好、常年含水量高的潮湿土壤地带。土壤含水量 13%～19%适合成虫产卵，10%的土壤含水量是成虫产卵湿度的临界线。降水日数多、土壤湿度大为害重。土壤水分充足是细胸金针虫发生的先决条件。所以，水利条件差的低洼潮湿地、过水洼地以及水利条件好的常年浇水地和夜潮地发生量大，为害重。

299. 麦田怎样对金针虫进行化学防治？

防治适期：防治对象田主要是小麦田，在小麦返青期，金针虫开始为害时。

防治指标：虫量为 3 头/平方米或小麦被害率 1%～2%。

防治方法：对小麦等旱作物，每公顷用 50%辛硫磷乳油

3 750毫升加水 900 千克用喷雾器顺麦垄喷施。

第三节　草　害

300. 麦田有哪些杂草？主要优势种杂草是哪些？

麦田杂草有 16 种左右，包括禾本科的日本看麦娘、普通看麦娘、硬草、早熟禾、棒头草、菵草、野燕麦；阔叶类的猪殃殃、荠菜、繁缕、牛繁缕、大巢菜、碎米荠、卷耳、稻槎菜、婆婆纳。主要优势种杂草有：硬草、猪殃殃，局部地区有荠菜、繁缕。

301. 如何协调运用农业措施控制或减轻麦田杂草发生？

合理安排茬口布局，大力推广轮作换茬。实行麦油轮作、麦豆轮作、麦菜轮作等种植模式是减轻麦田草害行之有效的措施。

提高耕作管理水平，增强麦苗竞争能力。在麦田杂草的综合治理中，要创造对小麦生长有利、对杂草生长不利的生态环境，增强小麦对杂草的竞争力，以苗压草。通过加强田间管理，合理运筹肥水，促进小麦苗全、苗壮、苗匀，提高小麦的竞争力。稻茬麦田表土层草籽较多，应耕翻晒垡，以减少表土层的草籽数量，减轻草害。提倡推广条播麦，为采取其他除草方式提供条件。腾茬早的田块，在小麦播前诱导杂草出土，然后耕翻灭草或用药剂除草。冬春季适时开沟压泥和中耕除草。大力推广稻草全量还田技术盖草灭草。

把好秋播选种关，防止新的恶性杂草扩散蔓延。许多杂草种子是通过混杂在麦种内传播蔓延和为害的，应在小麦播前狠抓麦种精选工作。

302. 麦田杂草化除应重点抓住哪几个时期？

麦田化学除草应重点抓住 3 个时期，分别是播后出苗前、秋冬季（苗期）、早春季节。播后出苗前和秋冬季（苗期）是开展化学除草的关键时期，而早春季节化学除草仅作为补救措施。

303. 播后出苗前化除可选用哪些除草剂？应注意什么问题？

播后出苗前用药主要采取土壤封闭的方法化除，可选用异丙隆、异丙隆·苄嘧黄隆、绿麦隆等具有土壤封闭作用的除草剂。此期间开展化除具有对大多数杂草防除效果好的优点，特别是对很难防除的禾本科杂草防除效果好。要注意的问题是土壤封闭除草对田间湿度要求高，干旱情况下用药防除效果较差，用药时田间积水或用药后遇大雨田间积水容易出现“湿药害”或影响出苗，对出草较迟的部分阔叶杂草防除效果差些。所以要求调节好田间湿度，保证防除效果。

304. 秋冬季麦田杂草化除可选用哪些除草剂？这期间化除有什么优缺点？

秋冬季化除可选用茎叶处理或兼有土壤封闭作用的除草剂，如异丙隆、异丙隆·苄嘧磺隆、异丙隆·苯磺隆、炔草酸（麦极）、唑啉·炔草酸（大能）、精恶唑禾草灵（骠马）、氯氟吡氧乙酸（使它隆）、苯磺隆等。此期间开展化除可根据田间草相选用相应的除草剂，具有较强的针对性，田间杂草苗小，用药量较少，用药成本低，除草效果好等优点，是麦田开展化除的最佳时期；缺点是有些药剂如含有异丙隆类的除草剂，用药后容易遇低温寒流天气而产生冻药害现象。

305. 为什么说早春季节麦田杂草化除仅作为补救措施？早春季节化除可选用哪些除草剂？

早春季节化除时杂草苗较大、抗药性较强，用药量较大，用药成本高，且除草效果较差，因此麦田化除应提倡适当早用药，早春季节化除仅为秋冬季未化除或化除效果差、杂草仍较重田块的补救措施。早春季节化除主要选用茎叶处理除草剂，如炔草酸（麦极）、唑啉·炔草酸（大能）、氯氟吡氧乙酸（使它隆）、氯氟吡氧乙酸（使它隆）+2 甲 4 氯等。

306. 如何提高麦田播后出苗前的化除效果？

麦田播种后出苗前用药，每公顷用 50%异丙隆或 50%异丙隆·苄嘧磺隆 1 875～2 250 克、25%绿麦隆 3 750～4 500 克，对水 750 千克均匀喷雾；用药后土壤湿润有利于药效充分发挥，若土壤干旱，除草效果会大幅度下降。为保证防治效果，喷药时水量一定要足，施药要均匀周到；整地质量要好，如果耕作粗放、土块大，喷药后不能在田面形成封闭药土层，除草效果不好。

307. 秋冬季如何进行麦田杂草化除？要注意哪些问题？

以禾本科杂草为主的麦田：于播种后至麦苗 3 叶期用药（田间墒情好的情况下，提倡早用药），每公顷用 50%异丙隆 1 875～2 250克，对水 750 千克均匀喷雾；也可于冬前禾本科杂草出齐后，每公顷用 15%炔草酸（麦极）300～450 克，或 6.9%精恶唑禾草灵（骠马）1 200～1 500 毫升（以硬草为主的小麦田用高量），对水 600 千克均匀喷雾。以阔叶杂草为主的麦田：在麦苗 3 叶期、阔叶草出齐后（11 月底前后）用药；以荠菜为主的田块，每公顷用 75%苯磺隆（巨星）15～18.75 克；以猪殃殃、繁缕为主的田块，每公顷用 20%使它隆 750 毫升，对水 600 千克均匀喷雾。两类杂草混生麦田：可按以上配方分二次或混配进行化除。

要注意以下几个方面：大、元麦田禁用骠马、麦极；寒流前和寒流期间，不提倡使用除草剂进行化除，防止产生“冻药害”；如遇多雨天气及低畦积水田块，应首先做好开沟排水工作，以防止造成“湿药害”；让茬较迟、播期较晚的，秸秆全量还田的小麦田，防治禾本科杂草以选用骠马、麦极为宜；麦田全面禁止使用绿磺隆、甲磺隆及其复配剂，防止土壤农药残留对后茬蔬菜等作物产生不良影响；间、套种麦田不宜使用苯磺隆。

308. 春季如何进行麦田杂草化除？要注意哪些问题？

春季用药时间掌握在2月下旬至3月初，气温稳定在5℃以上的晴好天气用药。以禾本科杂草为主的小麦田，每公顷用15%炔草酸450～600克或6.9%精恶唑禾草灵1 200～1 500毫升（以硬草为主的田块用高量）；以猪殃殃、繁缕为主的麦田，每公顷用20%氯氟吡氧乙酸750～900毫升，以荠菜等阔叶杂草为主的麦田，每公顷用20%氯氟吡氧乙酸450～600毫升+13%2甲4氯钠盐水剂2 250毫升。均对水600千克用手动喷雾器均匀喷雾。

要注意以下几个方面：精恶唑禾草灵、炔草酸不能用于大、元麦田；氯氟吡氧乙酸、2甲4氯不能喷到蚕豆、油菜等阔叶作物上。

309. 小麦拔节后能不能用2甲4氯防除田间的阔叶杂草？

2甲4氯为苯氧乙酸类选择性激素型除草剂，适用于水稻、小麦及其他旱作物田防除三棱草、鸭舌草、泽泻、野慈姑及其他阔叶类杂草。小麦幼苗期对该药很敏感，3～4叶期后抗性逐渐增强，分蘖末期最强，到幼穗分化时敏感性又上升。一般小麦品种麦苗开始拔节时，其幼穗就开始分化了，因此2甲4氯宜在小麦4叶期至拔节前施用。小麦开始拔节后，最好不再施用2甲4氯化除，以免产生药害，影响幼穗分化。小麦拔节以后，如果田间阔叶杂草很多，宜选用氯氟吡氧乙酸（使它隆）等对小麦安全性高的药剂，并注意进行挑治。

310. 小麦田使用唑草酮如何防止产生药害？

唑草酮（快灭灵）为选择性苗后茎叶处理剂，广泛适用于小麦、大麦、禾本科作物田防除阔叶杂草和莎草。正常施药后2～3天敏感杂草即表现中毒症状，1周左右枯死。在麦田施用能有效防除猪殃殃、荠菜、婆婆纳、泽漆等阔叶杂草，即使在低温期施用也有良好防效。药物在土壤中的残留期极短，对后茬作物安全。为防止药害发生，麦田施用唑草酮应注意以下几点：①不随意增加用药量和施药浓度。冬前草龄较小时，每公顷用 40%唑草酮 30 克，加水 450 千克喷雾；春季草龄较大时，每公顷用 40%唑草酮 60 克，加水 750～900 千克喷雾。②严格按要求采用二次稀释法配药，不要与乳油制剂和有机硅助剂等混配使用。选择无风或微风天用手动喷雾器均匀喷雾，不要用弥雾机施药，不重喷、漏喷。需要兼除禾本科杂草时，可以将唑草酮与麦极混用，但应按喷施唑草酮所要求的用水量加水喷雾。一般在冬前化除时两者没有用水矛盾，春季禾本科杂草草龄较大时，需要喷施高浓度麦极防治时，最好分别施用两种药剂。唑草酮制剂与 6.9%精恶唑禾草灵乳油（骠马）等乳油制剂最好间隔 1 周左右施用。

小麦发生唑草酮药害后，通常在施药后 2～4 天即表现出来并趋于稳定。药害轻微时，一般不需要采取任何补救措施；药害较重，麦苗生长受到较大影响时可以增施肥料或喷施腐殖酸类叶面肥，促进麦苗恢复。

311. 麦田用异丙隆化除，容易发生药害的原因是什么？怎样防止药害的发生？

异丙隆是小麦田常用除草剂，可用于土壤封闭处理和茎叶处理。在正常条件下使用异丙隆及其复配剂产品对小麦安全。但近年来冬春季频繁出现低温寒流天气，施药后常发生冻药害现象。

异丙隆为取代脲类选择性内吸传导型除草剂，可防除麦田一年生单双子叶杂草，对硬草、网草、看麦娘、早熟禾等禾本科杂草和牛繁缕等阔叶杂草有较好的防效。药物主要通过杂草根系吸收，在导管内随水分向上传导到叶部，抑制杂草光合作用。受害杂草表现叶尖和叶缘褪绿、发黄、最后枯死。

在小麦田施用异丙隆，用药量不能过大，否则会对小麦造成药害，使麦叶发黄。异丙隆会降低麦苗抗寒能力，麦苗施药后短期内遇低温、霜冻天气，麦苗容易冻害，出现“冻药害”现象。受害麦苗出现叶片枯黄、失水萎蔫和生长受抑现象，严重的整株死亡。小麦播种过迟，麦苗生长量小，植株抗寒抗冻能力差，施用异丙隆遇低温会加重冻药害发生。异丙隆类除草剂的药效期有30～45天之久，施药后10～15天遇强低温寒流，麦苗仍可能出现冻药害。

为防止麦田使用异丙隆类除草剂产生药害，在使用中应注意做到：①适时早用药。异丙隆施药适期较宽，从小麦播后苗前至拔节前均可施用，但以杂草出苗前至3叶期施药除草效果最好，因此，使用异丙隆类除草剂最好在小麦出苗后气温较高时及时施用，不要等到低温来临时再施药；播后出苗前田间墒情较好的情况下，也可采用土壤封闭处理的方法施药。②掌握适宜用药量，一般每公顷用50%异丙隆可湿性粉剂1 875～2 250克，加水600～750千克喷雾。如果田间杂草密度大、土壤干旱应适当加大药量和水量，但不宜超过推荐用药量高限。

小麦受异丙隆冻药害后，如果田间麦苗死亡率不高，可以适当增施氮肥和钾肥，促进麦苗恢复生长。及时喷施腐植酸盐类叶面肥也有利于麦苗恢复生长，促进受害轻的麦苗早恢复、早分蘖。

312. 为什么要禁止使用绿磺隆、甲磺隆及其复配剂防除麦田杂草?

使用绿磺隆、甲磺隆及其复配剂防除麦田杂草，其最大缺点是在碱性土壤上使用后，绿磺隆、甲磺隆在田间残留时间长，对后茬作物造成影响，特别是旱谷作物如玉米、大豆、花生、蔬菜等，轻则抑制作物生长，重则死苗。

第五章 水稻病虫草害

第一节 病 害

313. 水稻病害有哪些?

水稻病害主要有条纹叶枯病、纹枯病、稻瘟病、稻曲病、恶苗病、细菌性基腐病、黑条矮缩病、青枯病、干尖线虫病、小球菌核病、胡麻叶斑病、赤枯病等。

314. 水稻条纹叶枯病是一种什么病害?

水稻条纹叶枯病是水稻上的一种病毒病，主要是由灰飞虱传毒引起的，水稻一旦染病则很难防治，该病被农民称为水稻的"癌症"，对水稻生产影响很大。苗期感染直接造成死苗，导致水稻基本苗数严重不足；分蘖期和孕穗期感染，植株黄化不能抽穗，发病重的田块可造成水稻群体茎蘖数严重不足，成穗减少，严重影响产量。

315. 怎样识别水稻条纹叶枯病?

水稻从苗期至孕穗期都可感病，其中以苗期至分蘖期最宜感病。苗期发病，心叶基部出现褪绿黄白斑，后扩展成与叶脉平行的黄色条纹，条纹间仍保持绿色。不同品种表现不一，糯、粳稻和高秆籼稻心叶黄白、柔软、卷曲下垂、成枯心状。矮秆籼稻不呈枯心状，出现黄绿相间条纹，分蘖减少，病株提早枯死。条纹叶枯病引起的枯心苗与三化螟为害造成的枯心苗相似，但无蛀孔，无虫粪，不易拔起；分蘖期发病，先在心叶下一叶基部出现褪绿黄斑，后扩展形成不规则黄白色条斑，老叶不显病。籼稻品种不枯心，糯稻品种半数表现枯心。病株常成枯孕穗或穗小畸形不实；拔节后发病，在剑叶下部出现黄绿色条纹，各类型稻均不表现枯心，但抽穗畸形，结实很少。

316. 水稻条纹叶枯病病毒是怎样侵染水稻的?

水稻条纹叶枯病病毒侵染水稻，主要靠灰飞虱的迁移传毒而完成。病毒终年经灰飞虱传递是本病毒的特征。病毒在小麦、杂草及传毒介体灰飞虱体内越冬，不带毒灰飞虱可从带毒小麦、杂草上获毒。带毒的越冬灰飞虱在小麦田中繁殖 1 代后，于 5 月中下旬至 6 月上旬大量转移到稻田为害，为水稻初侵染源，形成秧田及早栽大田第一个发病高峰；稻田 1 代灰飞虱产卵孵化出的 2 代灰飞虱若虫和成虫一般在水稻大田刺吸传毒，形成第二个发病高峰；3 代灰飞虱成虫与若虫侵染传毒形成第三个发病高峰；4 代灰飞虱若虫和成虫虽然能传毒，但一般不形成发病高峰；9 月下旬天气凉爽时再繁殖 1 代（第五代）转移至麦田及周边杂草上越冬。

317. 灰飞虱需多长时间获得条纹叶枯病病毒? 获毒后是否立即传毒?

灰飞虱在已染病的稻株上一般需吸食 15 分钟以上才能获毒，但也有少数只需 3～10 分钟就能够获毒。

灰飞虱获毒不能马上传毒，需要经过一段循回期才能传毒。病毒在灰飞虱体内循回期为 7～10 天，平均为 8.3 天。通过循回期后带毒灰飞虱可连续传毒 30～40 天，但也有间歇传毒现象。

318. 水稻感染条纹叶枯病病毒后多长时间显症?

水稻条纹叶枯病病毒在水稻植株体内有一定的潜伏期，潜伏期长短与温度和水稻生育期密切相关。温度较高，水稻处于分蘖期之前，潜伏期较短。一般情况下其潜伏期为13～17天。

319. 水稻条纹叶枯病流行的相关因素是什么？

水稻条纹叶枯病流行主要与传毒媒介灰飞虱虫量、带毒率、品种抗性及水稻感病生育期与灰飞虱传毒高峰期的吻合程度等因素密切相关，灰飞虱带毒率高、虫量大、感病品种种植面积大，则发病重。

320. 水稻条纹叶枯病一般年份出现几个发病高峰？

水稻条纹叶枯病一般年份有3个发病高峰，且与传毒介体灰飞虱发生密切相关。第一发病高峰出现在6月中旬至7月初，由1代灰飞虱成虫集中传毒所致；第二发病高峰出现在7月中下旬，由2代灰飞虱若虫和成虫在田间传毒所致；第三发病高峰出现在8月中下旬，由3代灰飞虱若虫和成虫传毒造成。

321. 水稻品种间条纹叶枯病发病程度是否有差异？

水稻条纹叶枯病发生程度在不同水稻品种之间的差异较大。一般糯稻发病重于晚粳，晚粳重于中粳，籼稻发病最轻。籼稻中一般矮秆品种发病重于高秆品种，迟熟品种重于早熟品种。在江苏目前种植的水稻品种中，杂交籼稻、常优粳1号、扬粳9538、徐稻3号、镇稻99、盐粳5号、盐粳6号、盐稻8号、宁粳3号、扬粳4038、南粳44等品种对水稻条纹叶枯病的抗（耐）病性表现好。目前种植的常规水稻品种中，武育粳3号、武香粳等系列品种以及一些糯稻品种比较感病。

322. 条纹叶枯病发病程度与水稻种植方式是否有关？

条纹叶枯病发病程度与水稻种植方式密切相关。一般情况下，麦套稻发病重于移栽稻，移栽稻重于抛秧稻、机插秧和直播稻。

323. 为何麦套稻田条纹叶枯病发病重？

麦套稻水稻出苗后，麦田内灰飞虱可直接到秧苗上传毒为害，而常规育秧秧苗则要到麦收前后灰飞虱由麦田迁移到秧田中才能传毒。相比之下，前者传毒时间提早。另外，麦套稻田内1代灰飞虱成、若虫均能成为有效虫源转移到稻苗上为害，而常规育秧田只有长翅成虫才能从麦田迁移到秧苗上为害，有效传毒虫源少于麦套稻田，发病程度相应低于麦套稻田。

324. 为什么机插秧田、直播稻田条纹叶枯病发病比常规移栽稻田轻？

机插秧田条纹叶枯病第一显症高峰期病株明显低于常规移栽稻田，其原因：①机插秧播期比常规育秧方式播插期迟，能够有效地避开1代成虫的迁入高峰；②机插秧苗密度比常规育秧密度大，单位面积内承载的灰飞虱数量低于常规秧田；③机插秧集中育苗，便于进行集中防治，提高了防治效果。

直播稻田（含水旱直播）条纹叶枯病第一显症高峰期病株明显低于常规移栽稻田，其原因主要是直播稻田一般在麦收后播种，播期明显迟于常规移栽稻田，可有效避开1代灰飞虱成虫迁入高峰，减少灰飞虱的传毒几率。

325. 水稻条纹叶枯病可以防治吗？

水稻条纹叶枯病虽然被称为水稻上的“癌症”，水稻一旦感病就很难防治，但只要协调运用好抗病品种、科学栽培等农业措施，辅以物理、化学防治等措施，水稻条纹叶枯病是完全可以控制的。

326. 如果仅用化学措施防治灰飞虱能控制水稻条纹叶枯病吗？

由于1代灰飞虱迁入秧田很短时间内就能传毒，如果不采取其他防治措施，1代灰飞虱发生量大的年份，即使把秧田的灰飞虱全部杀死，也难以控制其传毒，加之目前没有防治灰飞虱十分理想的药剂，难以全部杀灭迁入秧田灰飞虱，完全控制传毒往往很难做到，因此仅用化学措施防治灰飞虱是不能控制水稻条纹叶枯病的，必须采取综合防治措施。

327. 防治水稻条纹叶枯病常用的农业措施有哪些？

①选用抗（耐）病品种。②适当推迟播期。实践表明，水稻播栽越早，灰飞虱传毒就越早，水稻条纹叶枯病就越重。适当推迟水稻播栽期，能有效地避开1代灰飞虱成虫迁移传毒高峰，使其多数成为无效虫源，从而减轻发病程度。③实施轻型栽培。大力推广小苗机插、抛秧等轻型栽培技术。④轮作换茬。在水稻条纹叶枯病重发地区，实施水稻与大豆等非寄主作物的水旱轮作，可以明显地减轻来年条纹叶枯病发病程度。⑤清洁田园。防除秧田和水稻大田田边和田内杂草，恶化灰飞虱生存环境，可降低灰飞虱发生量，减轻发病程度。

328. 选用水稻条纹叶枯病抗病品种应注意什么？

目前生产上抗性好、综合性状好的品种较少，在选用抗性品种上应把握两条原则：一是尽量选用抗性好、综合性状表现好的品种；二是重发地区选用抗病品种时，要抓好其他病虫害的防治，不能顾此失彼。

329. 怎样选择适宜的播期？

适当推迟播栽期是控制水稻条纹叶枯病流行的有效措施。生产上可结合塑盘育秧、工厂化育秧和机插秧、抛栽稻等轻型栽培技术的推广，减少常规水（旱）育秧，适期内推迟水稻播栽期，避开1代成虫迁入秧田和早栽大田的时间，减少1代灰飞虱成虫刺吸秧苗并传毒的几率。水稻条纹叶枯病发生严重的地区要尽量压缩麦套稻的种植面积。对麦套稻田要加强条纹叶枯病防治配套技术的推广应用。

330. 早期拔除病苗可以减轻水稻条纹叶枯病的为害吗?

在水稻秧田和大田，条纹叶枯病早期出现的病株应及时拔除。及时拔除病苗，既可以减少毒源，又可以促进健株分蘖成穗，合理运用空间与养分，发挥自然补偿作用，减少病害损失。

331. 为什么要防除田边杂草? 怎样防除田边杂草?

灰飞虱的寄主主要是禾本科作物和禾本科杂草。稻田、秧田边杂草上的灰飞虱虫源会持续向田中扩散迁入，进行传毒。因此，要做好水稻田特别是秧田周围杂草的防除工作，切断灰飞虱传毒桥梁，减少1代灰飞虱传毒，减轻早期发病。

防除秧田和大田田边杂草，可以采用铲除法，将田埂和周边杂草人工铲除；也可以采用化除法，一般采用灭生性除草剂如草甘膦、百草枯等，方法是每公顷10%草甘膦水剂3 750～4 500毫升或20%百草枯水剂1 500～2 250毫升对水600～900千克均匀喷雾，切勿喷到秧苗上。

332. 条纹叶枯病的化学防治策略是什么?

条纹叶枯病的化学防治策略是“切断毒链、治虫控病”，即防治灰飞虱，控制条纹叶枯病的发生。具体为“治麦田保秧田、治秧田保大田、治前期保后期”。灰飞虱发生量大、带毒率高的地区，要结合小麦穗期病虫防治控制麦田1代灰飞虱低龄若虫；种子处理控制秧苗初期灰飞虱虫量，秧田狠治1代灰飞虱成虫，控制1代成虫传毒；普治大田2代灰飞虱若虫，控制2～3代灰飞虱虫量，减少传毒。

333. 如何确定稻田灰飞虱防治指标?

以单位面积灰飞虱带毒虫量（带毒率×单位面积实际调查虫

量）定防治指标。初步研究结果是：秧田1代成虫防治指标为每公顷有带毒虫9万～18万头，即1.0～2.0头/（1/9平方米）。大田2代若虫防治指标，每公顷有带毒虫3.6万～4.5万头，折合百穴12～15头。大田如果成、若虫并存，并且成虫比例高，则防治指标应从严掌握；带毒率高、品种感病，防治指标取下限，带毒率低、品种较耐病，则取上限。

334. 水稻秧田期如何防治灰飞虱？

5月下旬至6月上旬，麦收前后大量灰飞虱成虫迁入秧田，为阻止传毒，对这个时段已出苗的秧田实施全程药控：露青后第一次用药，以后用药间隔期一般为5～7天，在水稻移栽前2～3天用好“送嫁药”。

335. 水稻大田怎样防治灰飞虱？

在6月中下旬到7月初2代灰飞虱低龄若虫高峰期用药控制灰飞虱和水稻条纹叶枯病效果较好。7月中旬以后，要结合褐飞虱和白背飞虱防治，对3～4代灰飞虱进行兼治，以进一步控制水稻条纹叶枯病的扩散和蔓延。9月中旬以后，是5代灰飞虱虫量高峰期，要结合水稻后期其他病虫防治继续控制灰飞虱，减少越冬基数，减轻来年防治压力。

336. 药剂浸种处理对水稻条纹叶枯病的控制作用有多大？怎样进行药剂浸种？

药剂浸种处理是防治早期灰飞虱刺吸秧苗传毒、控制早期条纹叶枯病的重要措施之一。经过氟虫腈（锐劲特）、吡虫啉等药剂浸种处理，水稻秧苗在1叶1心到2叶1心阶段仍然带有较高浓度的药剂，可防止灰飞虱刺吸传毒。在灰飞虱每公顷虫量150万头以下的年份，浸种处理对秧苗期第一显症峰期的防效可达到50%～60%；大发生或特大发生年份，因1代灰飞虱发生量大、发生期长、发生峰次多，药剂浸种对 1 代灰飞虱成虫后期的控制效果差些。

浸种处理防治灰飞虱就是在进行常规种子处理的药液中再加氟虫腈、吡虫啉、吡蚜酮等药剂。将干稻种倒入 10%吡虫啉可湿性粉剂 500～1 000 倍或 5%氟虫腈悬浮剂或 25%吡蚜酮 800～1 000 倍液中浸种 48 小时，然后进行催芽落谷。

337. 哪些农药可以有效防治灰飞虱?

用于防治灰飞虱的常用农药有：有机磷类杀虫剂如敌敌畏、辛硫磷、毒死蜱等；氨基甲酸酯类杀虫剂如混灭威、异丙威、速灭威、混灭威、仲丁威等；特异性杀虫剂如氟虫腈、吡虫啉、噻嗪酮、吡蚜酮等。但近年来防治灰飞虱实践表明，灰飞虱对吡虫啉、噻嗪酮、氟虫腈、毒死蜱等已产生一定程度的抗药性，防治效果明显下降，特别是吡虫啉对灰飞虱已基本没有控制效果。在进行灰飞虱防治时应该考虑如何防止灰飞虱对药剂进一步产生抗药性。用氨基甲酸酯类农药防治灰飞虱，主要是利用其药效迅速、击倒力强的特点，为取得最佳防效，在防治时要将其与持效性较好的农药混用。

338. 在防治一代灰飞虱成虫时为什么要强调速效性和持效性农药相结合?

由于灰飞虱具有传毒快、终身传毒的特点，一代成虫迁入秧田盛期长、发生量大，仅仅使用速效性强的农药品种虽然对已迁入秧田的灰飞虱控制效果好，但很难控制用药后补充迁入的虫源传毒；而仅仅使用持效性强的农药品种虽然对已迁入秧田成虫产的卵和后续迁入的成虫有效，但很难防止已经迁入田间的灰飞虱传毒。因此，将速效性强和持效期长的两类农药混用既可以杀死已经迁入水稻秧田（或大田）的灰飞虱，防止传毒，又能控制施药后陆续迁入的灰飞虱，从而减少用药次数，控制水稻条纹叶枯病的发生。

339. 如何防止灰飞虱产生抗药性?

由于灰飞虱是本地越冬的害虫，与褐飞虱、白背飞虱等迁飞性害虫不同，没有抗药性稀释现象，而且一年中除了来自防治灰飞虱本身化学防治的药剂选择压力外，还有来自田间防治褐飞虱、白背飞虱以及其他水稻害虫的药剂压力，因此灰飞虱更容易产生抗药性。江苏省近年来防治灰飞虱实践表明，灰飞虱对常用农药已产生一定程度的抗药性或耐药性。在进行灰飞虱防治时应该考虑如何防止灰飞虱对药剂进一步产生抗药性，特别是吡虫啉和氟虫腈等。除了综合利用品种抗性、栽培管理、轮作换茬和清洁田园等农业防治措施外，化学防治上应将不同种类、不同作用机理的农药如有机磷农药、氨基甲酸酯类农药、其他种类或特异性农药交替和轮换使用，或将不同作用机理的两种药剂进行混用。

340. 为什么甲胺磷、甲基对硫磷防治灰飞虱效果很差?

甲胺磷、甲基对硫磷属于国家明令禁止使用的有机磷类高毒农药。但生产上仍有少数农户违禁使用。事实表明，使用甲胺磷、甲基对硫磷防治灰飞虱的田块防效很差，下一代若虫量明显高于用其他药剂的田块，主要原因有如下三方面：①这两种农药对灰飞虱活性不高，正常使用剂量下，对灰飞虱的防治效果只有50%左右；②甲胺磷、甲基对硫磷药剂处理后残存下来的灰飞虱个体具有更强的繁殖能力，产卵能力更强，卵孵化率更高；③甲胺磷、甲基对硫磷对害虫天敌、脊椎动物等有很强的杀伤力，使用过这类药剂的田块，青蛙、蟾蜍、鱼类、害虫的捕食和寄生天敌均比使用常规药剂的田块少，因而减小了天敌对灰飞虱的控制作用。

341. 为什么说统防统治是提高灰飞虱防治效果的有效手段?

灰飞虱具有短距离飞翔、扩散的能力，活动能力强。农户防治时，部分灰飞虱可以从防治田块逃避到未防治田块赖以生存，而当这些未防治田块用药防治时，灰飞虱又可以再迁入防治过的田块中，又造成为害。因此，在进行灰飞虱防治时，提倡统防统治。

342. 水稻条纹叶枯病和水稻纹枯病有什么区别?

水稻条纹叶枯病和水稻纹枯病虽然都是水稻上的病害，但有根本的区别：①病原不同：水稻条纹叶枯病是病毒病，而纹枯病是真菌病害；②症状不同：水稻条纹叶枯病造成心叶褪绿条纹（斑）、枯心死苗和畸形穗，而水稻纹枯病主要在茎秆和叶鞘上形成云纹形病斑；③为害程度不同：水稻植株发生条纹叶枯病后，早的一般枯死，迟的不能抽穗，而水稻纹枯病一般只影响结实率和粒重，严重时才造成“冒穿倒伏”。

343. 如何区别水稻纹枯病与稻飞虱为害引起的水稻“冒穿倒伏”?

水稻纹枯病与稻飞虱为害严重时都可造成水稻“冒穿倒伏”，但二者倒伏植株上所表现的症状不一样。纹枯病造成的水稻倒伏植株上有云纹型病斑，而稻飞虱为害引起的倒伏植株下部变黑，没有明显的病斑。

344. 水稻什么时期开始发生纹枯病?

水稻纹枯病从秧苗期至穗期均可发生，但一般在分蘖盛期开始发生，主要为害水稻叶鞘，叶片次之，先在靠近水面的叶鞘上出现灰绿色、水渍状、边缘不清楚的小斑，病斑逐渐扩大连接成不规则的云纹状大斑，似开水烫伤状，可导致叶鞘干枯，上部叶片也随之发黄枯死。病斑向病株上部叶鞘、叶片发展，拔节期病情发展加快，孕穗期前后是发病高峰，严重时病斑可达剑叶、稻穗和谷粒，乳熟期病情下降。

345. 同一田块纹枯病当年发病程度与上年发病轻重关系是否密切?

同一田块当年发病程度与上年发病轻重关系密切。因为纹枯病病菌主要以菌核在土壤中越冬，第二年飘浮于水面的菌核萌发形成菌丝，侵入叶鞘形成病斑，从病斑上再长出菌丝向附近和上部蔓延，再侵入形成新病斑。水稻生长后期，病部表面形成菌核，随稻株成熟收割，脱落于田间越冬。由此可见，上年发病重，遗留的菌核数量多，当年发病相应就重。

346. 什么样的气候条件适宜水稻纹枯病的发生?

纹枯病喜高温、高湿。当日平均气温稳定在22℃，水稻处于分蘖期时，田间开始零星发病。最适温度为28～32℃，发病的适宜湿度在90%以上。在适宜的温度条件下，相对湿度越高，持续时间越长，发病越重。温度在31～35℃，湿度达到饱和时，病情发展最为迅速。因此，中稻处在拔节至抽穗期，如遇适温多雨年份，病情发展快而重。

347. 为什么施肥不合理是纹枯病发生的一个重要诱发因素?

施肥对纹枯病的发生发展影响显著。如果偏施氮肥，可促使水稻生长前期封行早，郁闭，后期茎叶徒长，体内可溶性氮增加，降低其抗病性，同时构成有利于发病的小气候，促成纹枯病的发生和蔓延。因此，施肥不合理是发病的一个重要诱发因素。

348. 纹枯病的发生发展与水浆管理有关吗?

纹枯病的发生发展与水的关系也很密切。根据水稻生长规律，合理的水浆管理，可以改变田间小气候，促进水稻生长健壮，提高抗病力。据各地经验，浅水勤灌，适时排水晒田，后期湿润灌溉发病轻，搁田可降低株间湿度，搁田好的田块可减轻病情20%～30%，长期深水的田块发病重。

349. 近几年水稻纹枯病发生一直较重，而且有加重趋势，如何合理用药防治水稻纹枯病?

目前生产上普遍反映用井冈霉素防治纹枯病效果不好，但还没有确凿的证据表明纹枯病菌对井冈霉素产生明显的抗性。主要是该药持效期较短，一般不到 7 天，需反复用药才能取得较好的效果，另一个很重要的原因是目前市场上的一些井冈霉素产品存在含量不足等问题。选用质量较好的井冈霉素制剂，特别是井冈霉素 A 组分含量较高的产品，有利于保证防效。近几年试验结果表明，井冈霉素与枯草芽孢杆菌、蜡质芽孢杆菌、蛇床素、唑类杀菌剂等的复配剂，持效期比井冈霉素长，防治效果比井冈霉素好，如每公顷用 42%井冈·蜡芽菌 600～900 克、11%井冈·己唑醇 600 克、6%井冈·蛇床素 750～900 克、24%噻呋酰胺悬浮剂（满穗）300～375 毫升等药剂，并进行轮换交替使用，以提高防治效果。但不同厂家的产品质量有较大差异，对病害的防效自然也有较大差异。

总之，无论选用哪种药防治水稻纹枯病，都应在发病初期及早施用，等病害严重发生时再用药会影响防治效果。一般稻田应在水稻封行前和拔节初期病害初发时施药效果较好。

350. 唑类杀菌剂防治水稻纹枯病时需注意什么?

近年来，由于水稻纹枯病发生重，生产上普遍反映用井冈霉素防效不佳等原因，唑类杀菌剂开始大面积应用于防治水稻纹枯病，并取得了较好的防效。目前生产上用于防治水稻纹枯病的唑类杀菌剂主要有丙环唑及其与苯醚甲环唑的复配剂、己唑醇、烯唑醇、戊唑醇等。唑类杀菌剂的杀菌机理基本相同，主要是通过抑制真菌体内麦角甾醇的生物合成而发挥作用，基于相似的作用机理，这些药剂对水稻等农作物体内赤霉素的形成也会产生抑制作用，从而抑制水稻等作物的生长发育。从唑类杀菌剂的特点看，它们特别适合在水稻拔节前或拔节初期使用，不仅对纹枯病有良好的防效，还能抑制基部节间拔长，防止后期倒伏。在水稻抽穗后适量使用有提高结实率的作用。但有时需规避其药害，主要是在水稻特别是部分粳稻品种的上部 2～3 个节间拔长期，不能超量使用或者在短期内反复使用，以免影响正常抽穗和灌浆结实。

351. 哪些原因会引起水稻后期出现青枯现象?

水稻后期青枯的原因较多，如细菌性基腐病、小球菌核病等都会引起青枯。细菌性基腐病的病株茎基部会出现腐烂症状，并伴有恶臭味。小球菌核病的病株基部组织软腐，有黑褐色病斑，基部叶鞘和茎秆内可见比苋菜种子还小的黑色菌核。除致病菌的因素外，水稻受强降温影响会出现生理性失水青枯，其病株叶片萎蔫内卷，呈典型的失水症状，叶片与谷壳青灰色，似割倒摊晒一天的青稻，茎秆基部干瘪收缩，无病斑，易倒伏，发病迅速，发病前病株、健株并无异样，往往在 1～2 天内大面积成片成块发生。

352. 为什么说气温骤降会导致水稻生理性失水青枯?

气温骤降使田间水稻根系活力下降，吸水能力减弱，天气放晴后气温上升，水稻蒸腾作用强，导致水稻植株体内水分供不应求，出现生理性失水青枯。

353. 哪些稻田容易发生生理性青枯?

水稻生理性青枯多发于晚稻灌浆期，断水过早的稻田容易发生。田块间发病程度有较大差异，这与水稻的根系活力有很大关系。一般来说，长期深水灌溉，未适度搁田的田块，水稻根系分布较浅，易受低温影响，而且后期根系容易早衰，吸水能力差，容易发生生理性青枯。另外，土层浅、肥力不足，或者施氮过迟、受病虫为害的水稻也容易发生生理性青枯。

354. 生理性青枯的发生程度与水稻品种有没有关系？

生理性青枯的发生程度与水稻品种本身并没有太直接的关系，而是跟降温与水稻乳熟期在时间上的吻合程度有关。因此，在同样的降温天气下，不同地区的水稻由于生育进程有差异，其青枯的严重程度会有很大差异；而在同一个地区，不同类型的水稻品种由于其生育进程有差异，发生青枯的程度也会不一样。

355. 水稻发生生理性失水青枯后使用杀菌剂或杀虫剂有作用吗？

水稻生理性失水青枯为生理性病害，发生后使用杀菌剂或杀虫剂均起不到作用，在水稻刚开始出现失水症状时立即灌深水可以在一定程度上减轻为害。水稻后期天气预报有强降温过程时，在降温前及时对稻田灌深水保温，有利于减轻青枯发生。

356. 为什么水稻发生细菌性基腐病后也会失水青枯？

水稻乳熟期发生细菌性基腐病后，发病的植株如遭遇较大的西北风时，由于根节部组织变褐坏死，水分输送受阻，蒸腾大于吸收，常使病株叶片突然失水，萎蔫内卷，病株呈青灰色，无光泽，很像被割倒一天的青稻。这种青枯病株在田间多呈零星分布，病健交错现象明显，甚至一丛中仅数株青枯。

357. 水稻细菌性基腐病在大田一般有几个发病高峰？

该病一般在水稻分蘖至灌浆期发生，大田发病一般有 3 个明显高峰。分蘖期出现第一发病高峰，以“枯心型”病株为主。病株茎基部的叶鞘上产生水渍状病斑，逐渐向上扩展，形成边缘深褐色、中间枯白色的不规则大病斑，茎基部变灰黑色，有时节间出现黑褐色纵条斑，重病株心叶青枯卷曲，最后枯黄，类似于螟虫造成的“枯心”；孕穗期出现第二发病高峰，以“剥死型”病株为主。病株茎基部和根部变黑并逐渐腐烂，地上部自上而下逐渐枯死，有时病株基部茎节上长出须根。病株易齐泥拔断，洗净后用手挤压可见乳白色混浊菌脓溢出，有恶臭味；抽穗灌浆期出现第三发病高峰，以“青枯型”病株为主，以后出现枯孕穗、白穗等症状。

358. 什么情况下易发生水稻细菌性基腐病？有没有好的防治措施？

目前对细菌性基腐病的侵染循环尚缺乏系统研究，初步认为，病菌个体在病稻草和田间病残体中以及田边的杂草上越冬，种子带菌也可能是初侵染来源之一。病菌由植株伤口侵入。一般水稻长期淹水过深，土壤黏重、通气性较差的稻田，偏施或迟施氮肥，秧苗柔嫩的稻田发病较重。

水稻细菌性基腐病其发生规律仍有很多不明之处。在病害发生后没有特别有效的药剂加以治病，而该病常在田间零星发生，等发现田间出现病株后再用药，治病保产效果较差。因此，从目前情况看，对细菌性基腐病的防治重点应采取农业防治措施。一般来说，长期沤水的田块水稻细菌性基腐病发生重，加强水浆管理，湿润灌溉，避免长期深水灌溉，有利于减轻该病发生。栽培措施上，加强管理，适当增施钾肥，保证水稻植株生长健壮，有利于提高水稻抗病能力。水稻细菌性基腐病菌可从秧苗断根侵入，采用旱育秧等技术培育壮秧，减少拔秧时的损伤，采用小苗抛栽、机插秧等小苗移栽方式，有利于减轻病害发生。水稻乳熟期间要特别注意气象预报，一旦有西北大风，应抢在刮大风前立即灌薄层水，防止病株失水青枯，以减轻为害。

359. 水稻秧苗为什么会徒长？

水稻秧苗徒长可能是恶苗病为害所致。感染恶苗病病菌的水稻秧苗，一般在 2 叶 1 心期后，气温达 30℃时表现出徒长症状，病苗迅速长高，比正常苗高 1/3 以上，茎和叶片细长，苗色淡黄，发根数少，严重的出现死苗。染病株移栽到大田后，表现拔节早、节间长，茎秆细高，分蘖少，节部弯曲，变褐色，节上生不定根。这些症状的出现，主要是恶苗病病菌在病株体内生长繁殖时分泌大量赤霉素引起的。

360. 什么是恶苗病的主要侵染源？

带菌种子是恶苗病的主要初侵染源，其次是病稻草。病菌以分生孢子附着在种子表面或以菌丝体潜伏于种子内越冬。水稻浸种和催芽过程中，病种的病菌会污染无病种子，使染病率大幅度提高。播种带菌种子或用带菌稻草覆盖苗床、捆扎秧苗后，病菌从秧苗芽鞘或伤口侵入。

361. 恶苗病在田间出现几个显症高峰？

水稻秧苗受恶苗病病菌侵染后，病菌菌丝体在稻株体内逐渐蔓延至全株，在适宜条件下陆续表现出症状。恶苗病通常有三个显症高峰期：一是在秧苗 4～5 叶期至移栽前（6 月中旬）；二是大田分蘖末期至拔节期（7 月中下旬）；三是孕穗期至齐穗期（8 月中下旬至 9 月上旬）。三个发病高峰期发病率以孕穗至齐穗期最高；其次是分蘖末期至拔节期；秧苗期最低。

362. 水稻发生恶苗病后使用杀菌剂有没有作用？

药剂浸种是防治恶苗病最有效的措施，目前主要使用浸种灵和咪鲜胺等杀菌剂浸种。虽然恶苗病病株上的分生孢子经风雨传播可从健株伤口侵入，引起再侵染，但有研究表明，恶苗病病菌的再侵染能力并不强，主要在前期即水稻芽鞘期侵入，以后病菌侵染健苗的可能性很小。生产上在水稻发病后一般只需采取及时拔除病株等措施，使用杀菌剂没有多少实际意义。

363. 水稻后期为什么会出现“小粒翘穗”？

水稻后期出现“小粒翘穗”可能是由干尖线虫病为害所致。水稻干尖线虫病属种传病害，随稻种传播，干尖线虫存活于颖壳与米粒之间，水稻发芽后线虫即从芽鞘缝钻入，附于水稻生长点、叶芽及新生嫩叶尖端的细胞外，以吻针刺入细胞吸食汁液，致被害叶形成干尖。穗分化发育期为害会使稻穗变小、颖花数量减少，部分颖花出现不同程度退化。水稻孕穗期干尖线虫集中在幼穗颖壳内外为害，以后在稻粒中越冬。

364. 水稻受干尖线虫为害后，除出现“小粒翘穗”外，生长期间还会出现哪些症状？

水稻干尖线虫病苗期症状不明显，偶尔在4～5叶期出现叶尖灰白色干枯，扭曲、干尖。病株孕穗后干尖严重，剑叶或其下2～3叶尖端1～8厘米逐渐枯黄，半透明，扭曲干尖，变为灰白或淡褐色，病健部界限明显。湿度大有雾露存在时，叶尖刚开始发白干枯的部分展平呈半透明水渍状，随风飘动，露水干后又卷曲。有的病株不显症，但稻穗带有线虫，大多数植株能正常抽穗，但穗小，秕粒多，多不孕。

365. 当年发生干尖线虫病的稻田对下茬种麦和下年种稻有没有直接影响？有没有特效药剂可以防治干尖线虫病？

在水稻生长期，干尖线虫始终在水稻的生长点附近取食和生长、繁殖，一般不向其他稻株转移。线虫不能在田间土壤和稻茬上越冬，对下茬种麦和下年种稻没有直接影响。

使用二硫氰基甲烷（浸种灵）、杀螟丹（巴丹）以及咪鲜·杀螟丹（恶线清）等含杀螟丹的浸种剂浸种，杀死稻种颖壳内的线虫，是防治该病最有效的措施，水稻生长期发病没有有效药剂可以防治。

366. 水稻浸种为什么要“日浸夜露”?

浸种时不要将种子一直泡在水里，应采用“日浸夜露”的方法。“浸”，是为了让种子吸足水分，水分不足种子不能萌发。“露”是为了让种子呼吸。发芽率不高的种子，或者发芽势不好的种子尤其不能缺氧，否则很容易造成种子发酵、发霉、发臭、腐烂，发芽率大幅度下降。方法是上午 8 点放在活水中浸种，中午将种子提上来翻动一次，让每粒种子都接触一下空气，然后再放入水中浸泡，到下午 6 点，将种子从水中提出，平铺摊放。

367. 水稻浸种需多长时间为宜?

水稻浸种所需要的时间，因品种和温度条件而异，一般达到萌芽要求的最适水分所需要的时间为水温 30℃时约需要 30 小时，水温在 20℃时约需要 60 小时，水温在 15℃时则需 100 小时以上。因此，当日均温 18～20℃时，浸种 60 小时，15～16℃时，浸种 72 小时，等种子吸足水分（种子外观透明、光亮），刚开始“露白”就落谷。如果催芽，应在常温下薄摊，不能堆闷。稻种“露白”后呼吸强度高，产热量大，堆积过厚堆内热量不能及时散失，温度过高容易烧芽；通气不良，种子在缺氧条件下会产生酒精，对自身造成毒害。

368. 水稻药剂浸种时注意哪几点?

水稻药剂浸种是控制水稻恶苗病、干尖线虫病的有效方法。多年来的实践证明，为了减少不必要的损失，必须注意以下几点：

①严格按照浸种时间和药液浓度浸种，不要随意增减药量和水量，以免影响出苗和效果。

②浸种在常温下进行，不能采取任何加温措施。

③浸种时必须处于蔽光状态，药液须淹没稻种。

④浸种后直接催芽，不能淘洗，否则会降低防治效果。

369. 稻穗上为什么会出现“黄豆大小的黄绿色至墨绿色小球”?

稻穗上出现“黄豆大小的黄绿色至墨绿色小球”是稻曲病为害所致。稻曲病仅发生在水稻穗部，为害单个谷粒，少则1～2粒，多至10余粒。受害谷粒在内外颖处先裂开，露出淡黄色块状物，逐渐膨大包裹内外颖两侧，呈孢子球，开始很小，逐渐膨大，稍扁平，光滑，外覆盖一层薄膜，孢子球的颜色逐渐变为黄绿色至墨绿色。

370. 水稻稻曲病的发生与哪些因素有关? 如何掌握适期防治?

水稻稻曲病的发生与品种、施肥及气候条件等关系密切。凡穗大粒多、密穗形的品种、晚播晚栽、晚熟品种发病重。一般从幼穗形成至孕穗期，降雨量多，湿度大（90%），开花期间遇低温（20℃），又有适量降雨时，则有利病害流行。氮肥用量大，使水稻出穗后生长过于繁茂嫩绿，稻株抗病力减弱，尤其在后期施氮量偏多时发病重。

一般认为，水稻破口前7天左右是用井冈霉素等药剂防治稻曲病的最佳施药时期，错过这个时段，用药防治效果会大幅度下降，到水稻抽穗期再喷药则基本没有什么效果。

“水稻破口前7天”是由后向前推的时间概念，在实施防治时往往把握不准，不好操作。据观察，粳稻品种从“叶枕平”到破口共需12天左右（不同粳稻品种所需时间有差异，生产上应进一步有针对性地观察，掌握特定品种所需的时间），从叶枕平向后推5天就是破口前7天，这就是大面积药剂防治稻曲病的适期。一般用于防治纹枯病的药剂对稻曲病均有较好的防治效果。

371. 水稻稻瘟病病菌在什么时期最易侵入？稻瘟病对产量有影响吗？

水稻整个生育期中均可以发生稻瘟病，为害秧苗、叶片、穗、节等，分别称为苗瘟、叶瘟、穗瘟和节瘟。水稻秧苗四叶期、分蘖期和抽穗期是病菌最易侵入的生育阶段，此阶段如遇降水、降温的天气相吻合则发生重。

稻瘟病为害水稻后，对水稻产量有一定的影响，流行年份，一般减产10%～20%，重的达40%～50%，局部田块甚至颗粒无收。

372. 水稻苗瘟、叶瘟、穗瘟、节瘟有什么症状？

苗瘟多由种子带菌引起，一般在3叶期以前发生，秧苗变褐枯死，3叶期以后发生的称为苗叶瘟。症状和叶瘟比较相似。

叶瘟指本田期稻株叶片发病。一般在水稻分蘖盛期盛发，主要分为4种类型：①慢性型：病斑呈菱形或纺锤形，周围呈褐色，中间为灰白色，大小不一，大的可达3～4厘米。这种病斑多，常常说明天气条件不利于发病，在潮湿环境下病部产生灰绿色的霉层。②急性型：病斑多呈椭圆形或不规则形，暗绿色水渍状，病部布满灰绿色的霉层。这种病斑出现率高，说明叶瘟有流行的趋势。③褐点型：病斑较少，为针头状小褐点，这种病斑多在抗病品种和植株下部老叶上出现。④白斑型：病斑呈白色近圆形小斑点。多在显症期阴晴急转、天气干旱晴热时出现，很不稳定，病斑出现后如条件不适，可转化为慢性型病斑，如遇适宜条件，则转化为急性型病斑。

穗颈瘟发生于主穗梗至第一分枝的穗颈部。病部初呈水渍状褐色小点，以后逐渐扩展呈褐色或墨绿色，后病部中央枯白，易折断。穗轴、枝梗也可发病，症状与穗颈瘟相似。病部都可产生灰色霉层。发病早的多形成白穗、花白穗，发病迟的瘪粒增加，粒重下降，影响米质。

节瘟多发生于穗部以下的1～2节。病斑初为褐色小点，以后呈环状扩展至整个节部，黑褐色。湿度大时病部产生大量灰色霉层。后期病节干缩凹陷，易折断，导致病节以上早枯。

373. 稻瘟病病菌侵染是怎样进行循环的?

病菌主要在病谷、病稻草上越冬，为翌年春天初侵染源。分生孢子可存活半年到1年，病组织内的菌丝可存活1年以上。谷粒中的越冬病菌于5月下旬至6月上旬开始产生分生孢子，随气流飞散，附着于秧苗，遇适宜条件，则可引起初次侵染。在潮湿环境下初侵染形成的病部产生分生孢子，借气流传播至健株，引起频繁再侵染。病菌侵入的适温范围为20～32℃，最适温度为24℃，低于13℃或超过35℃病菌均不能侵入。潜育期长短与气温高低有关，在适温条件下苗瘟、叶瘟潜育期一般为4～7天，穗颈瘟为10～14天，枝梗瘟为7～12天，节瘟为7～30天。另外，潜育期还与受侵入组织的生理龄期有关，组织幼嫩时侵入，潜育期相应缩短。

374. 哪些气候因素影响稻瘟病的发生? 稻瘟病应采取什么样的防治策略?

气候条件对病菌的繁殖和稻株的抗病力均有影响。气候因素中主要有:

(1) 温度　温度超过30℃以上，发病受到抑制。如气温在25℃左右，则有利于病菌的繁殖和侵染。当抽穗期日平均温度17℃以下延续3天，水稻营养失调，抗病力降低，发病严重。

(2) 湿度　一般平均相对湿度在90%以上甚至饱和时，则有利于稻瘟病大发生。湿度的大小与阴雨天数有密切关系。阴雨天多而又持续不断，或雾多露浓，有利于孢子的形成、萌发，侵入率高、潜育期短、病斑出现早，而且降低了稻株的抗病性，发病重。

稻瘟病的防治策略是：以选种抗病良种和农业防治为基础，根据天气和田间病情适期防治苗叶瘟，常发地区主动出击防治穗颈瘟。

375. 苗叶瘟在什么情况下需要防治?

苗叶瘟重点是中、晚稻秧苗的防治。发病地区在出苗以后，对播种密度高、生长嫩绿的感病品种秧苗，要加强检查，以掌握病情的发展，如秧苗出现病斑，特别是急性型病斑，就要开始防治，可根据秧龄长短、移栽先后、发病轻重，喷药 2～3 次。

叶瘟的防治应着眼于保护易感病的分蘖盛期。要加强检查，及时掌握病情，当田间出现发病中心后，如品种感病，生长嫩绿，气象预报又将有阴雨天气，气温在 20℃以上，往往隔 1 周左右，大田将普遍发病，10～14 天后，将会盛发，但其是否迅速蔓延，依据的标志是病斑类型，如分蘖期叶片上出现急性型病斑，特别是逐日增加时，说明稻株抗病力弱，若气候条件又有利于发病，需要立即防治，压制发病中心，以控制其蔓延，对个别生长嫩绿，发病较重的田块，应全面连续防治 2～3 次，发病轻的田块，通过搁田措施，以控制其发展，一般可不进行药剂防治。

376. 穗瘟在什么情况下需要防治?

穗瘟的防治应着重保护抽穗期，除抗病品种和在当地条件下避病的品种可以不喷药外，都应认真做好防治工作。凡孕穗期叶瘟发生普遍（病叶达 1%～3%）并迅速上升，特别是剑叶出现急性型病斑增加或叶枕瘟发病率高，而抽穗期又遇阴雨，穗瘟就会严重流行，即应确定防治田块，抓紧防治。喷药期间，如遇阴雨，只要喷洒后药液干了，即使雨淋，仍可收到防治效果。穗瘟的防治适期，应掌握破口和齐穗期，对于生长嫩绿，叶瘟发生普遍而又感病的品种，分别在破口和齐穗期各防治一次，叶瘟发生轻，生长较差的，或抽穗期气候干旱的，一般可以不治，但如阴天多雨可在破口期防治一次。此外，药剂防治的效果还与农业栽培措施有关，如肥料施用过量或过迟，稻株贪青徒长，叶瘟和穗瘟严重，即使多次喷药，还会造成损失。秧苗粗壮，抽穗整齐，防治效果则较抽穗不整齐的为好，所以药剂防治还应充分结合农业防治，才能收到事半功倍的效果。

377. 防治稻瘟病如何选用合适药剂?

防治稻瘟病，合理用药是关键。在搞好预测预报、抓住防治适期的基础上，结合本地实际，使用高效对路药剂。单剂农药有效成分含量高，针对性强，对稻瘟病的防效较快、较好；复配农药各有效成分较单剂含量低，但防病谱广，施药一次可兼防多种病害，省工。单剂农药中，稻瘟净对稻瘟病治疗作用强于保护预防作用，适用于叶瘟（见病施药）；三环唑保护作用强于治疗作用，适用于穗瘟（病前预防）。因此，防治稻瘟病时应根据发病情况选择药剂：

①种植易感病品种、常发病区，每公顷用40%稻瘟净 900～1 125 克，在叶瘟初发病时防治，起到良好的治疗作用；在水稻破口、齐穗期每公顷用 20%三环唑 1 500～1 800 克，防止穗瘟发生。

②种植轻感病品种、非常发病区，有其他病害同时发生的水稻田，可根据杀病谱选择混配剂施药，如每公顷用 20%井·三环 1 500～2 250 克。

378. 何谓水稻白叶枯病?

水稻白叶枯病是由水稻黄单胞杆菌侵染引起的细菌性病害，大多是叶片受害，叶片呈枯白色。成株期常见的典型症状有叶缘型，另外还有急性型、凋萎型、黄化型等，急性型、凋萎型症状的出现预示着白叶枯病将严重发生。水稻拔节孕穗期是发病的始盛期，此期如遇大风大雨天气，特别是遇台风暴雨天气，病害容易流行。该病一般先在田间出现发病中心，而后向四周蔓延，形成大面积发病。

379. 如何控制水稻白叶枯病的发生？

对水稻白叶枯病应采取综合措施防治。加强稻田肥水管理，合理施用氮肥。氮肥施用过多或过迟，会造成水稻抗病力减弱，并造成田间郁蔽、高湿的适于发病的小气候，加重病情。水浆管理要注意浅水勤灌，避免串灌，分蘖末期适度搁田，减少病菌传播与侵入。及时调查病情，特别是对感病品种田块要加强调查，对零星发病的田块要及时喷药封锁发病中心，防止扩大蔓延。

380. 田间发现白叶枯病病株时怎么办？

田间发现病株时，应摘除病叶或整株拔除，装入塑料袋，带出田外深埋，并立即用药防治。白叶枯病病菌在田间传播速度极快，可随水或因农事操作而传播，生产上应做到“发现一点，防治一块，保护一片”。稻田中一旦发现病株，要立即对全田喷药，周围无病田块也要喷药保护；如果田间发病株率已较高，要对周围较大范围的稻田喷药保护。

381. 用药防治白叶枯病时要注意什么？

施药时先对无病田或无病区喷药，从外围开始向发病中心施药（如果先对发病区打药，再对轻病区或无病区打药，病菌会随人走的路线一路传播，在田间可看到明显的沿人行路线形成的发病条带），并对发病区加大喷药量，越接近发病中心施药量越大。发病田不要在有露水时进入田间喷药或拔草、施肥及其他农事操作，以防人为传播。对发病田块要多次用药，一般间隔 4～7 天用 1 次药，连续用药 2～3 次。

382. 适用于防治白叶枯病的药剂有哪些?

目前国内登记用于防治水稻白叶枯病的药剂主要有：每公顷用50%氯溴异氰尿酸 750～900 克、20%噻唑锌 1 200～1 500 克、20%噻菌铜 1 500～1 800 克、72%农用硫酸链霉素 300～450 克等。最好交替使用不同药剂，单一使用某一种药剂往往防效不佳。目前所有适用于防治白叶枯病的药剂，在田间用药后对水稻白叶枯病的防效一般只有 60%左右，在水稻白叶枯病发病初期使用有一定的防治效果，在田间发病较重或者气候条件有利于白叶枯病发生的情况下用药防治效果较差。使用这些药剂后，并不能将田间的白叶枯病病菌完全杀灭，有大量的病菌仍残留在病株、田间土壤和水中，一旦条件适宜，病害就会迅速抬头。经用药病情得到控制后，仍要做好监测工作，大风暴雨后一旦出现病情反弹，要立即用药补治 1～2 次。

第二节　虫　害

383. 为害水稻的害虫有多少种?

水稻害虫种类多，国内已有记载的有 250 种以上，水稻生长过程中每阶段均会遭受不同种类害虫的为害。在江苏为害根的有稻象甲；钻蛀茎秆的有大螟、二化螟、三化螟等；刺吸茎叶的有褐飞虱、白背飞虱、灰飞虱、黑尾叶蝉等；锉吸的有稻蓟马等；食害叶片的有稻苞虫、稻纵卷叶螟、稻螟蛉、稻蝗等。其中褐飞虱、白背飞虱、灰飞虱、大螟、二化螟、稻纵卷叶螟为常发性害虫，稻象甲、黑尾叶蝉、稻螟蛉、稻苞虫、稻蓟马为间歇性发生害虫，三化螟为局部地区发生害虫。

384. 本地虫源害虫有哪些?

本地虫源害虫是指能在当地越冬完成年生活史的害虫。主要有水稻大螟、二化螟、三化螟、稻蝗、稻象甲、灰飞虱等，这类害虫又称为定居性害虫。

385. 异地虫源害虫有哪些？有什么发生特点？

异地虫源害虫即迁飞性害虫，主要有褐飞虱、白背飞虱、黏虫、稻纵卷叶螟等。这类害虫在我国越冬的范围很窄，大部分稻区初发世代的虫源系从南方迁入繁殖，秋季又自北向南回迁。需要通过种群的季节性迁移，在不同的发生区依靠世代的延续完成生活史。虫源的迁入和迁出具有同期突增和突减现象，各发生区互为虫源基地，发生面大，大发生的频率高，易暴发成灾。

386. 水稻白叶是由哪种害虫为害造成的？其为害表现是什么？

水稻白叶大多是由稻纵卷叶螟为害造成的，所以稻纵卷叶螟又叫白叶虫。稻纵卷叶螟以幼虫吐丝纵卷叶尖为主，初孵幼虫栖于心叶或晚生分蘖的嫩叶中啃食叶肉。2 龄期在心叶或稻叶尖部吐丝，两边叶缘缀连形成稻叶束腰，称“束叶期”。3 龄期形成单管状虫苞，叶肉食尽后留下白色表皮。1～3 龄的取食量约占一生总取食量的 20％左右，3 龄后进入暴食期，常 2～4 叶束在一起成为虫苞，幼虫在虫苞内取食形成大量白叶。孕穗期也能栖于穗苞中啃食颖壳和叶鞘，造成半透明的白色细条状斑点。水稻生长后期，受害重的稻田一片枯白，由于功能叶被害，影响株高和抽穗，使千粒重降低，空秕率增高，导致严重减产。

387. 稻纵卷叶螟一年发生几代？各代成虫有什么样的发生规律？

稻纵卷叶螟在长江中下游地区年发生 3 个世代。20 世纪 90 年代中期以前，第四（2）代和第五（3）代为主害代，江南和迟熟晚粳稻区第六（4）代为害也较重。苏南和沿江第四（2）代、第五（3）代常发，第六（4）代偶发，江淮稻区第四（2）代间隙性发生，第五（3）代常发。进入20世纪90年代中期以后，第四（2）代偶发、第五（3）代、第六（4）代常发。

长江中下游地区每年初次虫源主要来自岭南北部地区，夏季成虫随西南气流迁入。锋面天气的槽前地带，迁飞成虫伴随降雨或下沉气流降落（副热带高压边缘亦可能降虫）。第四（2）代成虫均由外地迁入，常年主降区为江南和江淮南部，波及江淮北部和淮北。第四（2）代成虫迁入峰在7月5日左右，早发生年在6月下旬，迟发生在7月中旬，江淮北部和淮北多数年份在7月中旬；第五（3）代成虫前期虫源以外地迁入为主，后期虫源以本地繁殖、羽化的成虫为主。常年苏南和江淮南部地区第五（3）代成虫多发生在7月底至8月上旬，早发年份7月25日左右，迟发生年份8月中旬；第六（4）代成虫大部分成虫滞留在迟熟单晚稻上产卵为害。

388. 稻纵卷叶螟成虫有什么生活习性？

稻纵卷叶螟成虫有迁飞性，飞翔力较强。成虫白大多隐藏在茂密荫蔽的作物或杂草中，一遇惊动，即作短距离飞翔；有趋光性，尤以对金属卤素灯趋性最强，并喜吸食植物的花蜜和蚜虫的蜜露作为补充营养。取食活动多在傍晚18～20时；成虫羽化盛期在晚上20时以后，午夜前后出现高峰。羽化后1～2天交配，交配多在下半夜进行，以凌晨3～5时最盛；产卵以上半夜最多，下半夜次之，白天很少产卵，不仅喜欢选择生长嫩绿、叶面积指数高的田块，而且喜欢在圆秆拔节期和幼穗分化期的稻田产卵，抽穗后的稻叶上产卵很少。同一生育期的水稻，生长嫩绿的着卵量比一般田要高好几倍，甚至十几倍。在26～28℃，每头雌蛾平均产卵100多粒，最多能产200～300粒。卵多为单粒散产，少数有几粒连在一起。产卵部位多在植株中、上部叶片背面，尤以倒数2～3叶为最多。

389. 稻纵卷叶螟幼虫有什么生活习性?

初孵幼虫一般先爬入水稻心叶或附近的叶鞘内，也有钻入旧虫苞内啃食叶肉；2 龄开始在叶尖吐丝纵卷成小虫苞；3 龄后开始转苞为害；4、5 龄食量猛增，一生可为害 5～7 叶，多达 9～10 叶。幼虫性活泼，当剥开卷叶时，即迅速倒退跌落。老熟幼虫经 1～2 天预蛹期，吐丝结薄茧化蛹。

390. 什么样的气候条件有利于稻纵卷叶螟成虫的迁入和生长发育?

迁入期锋面降水天气有利于成虫降落，雨日多，迁入量也大。稻纵卷叶螟的生长发育需要适温高湿，一般认为适宜的温度为 22～28℃，相对湿度在 80％以上。阴雨天多有利于发生。成虫在气温 29℃以上、相对湿度 80％以下时，雌蛾交配率相对降低，产卵减少，幼虫孵化率也受影响。在日最高温度超过 35℃，相对湿度低于 80％时，卵粒干瘪率高，初孵幼虫容易死亡。气温低于 22℃，幼虫潜伏于心叶内，取食活动迟缓。

391. 水稻品种和栽培管理措施对稻纵卷叶螟发生有什么影响?

不同水稻品种由于叶片嫩绿程度、宽狭厚薄、质地软硬等原因，影响着卵和幼虫密度，受害程度有明显差异。一般叶色深绿宽软的比叶色浅淡质地硬的受害重，矮秆品种比高秆品种受害重，晚粳比晚籼受害重，杂交稻比常规稻发生重。同一品种，幼虫取食分蘖至抽穗期叶片的成活率高，有利于发育。

在栽培措施方面偏施氮肥或施肥过迟，造成稻苗徒长披叶，同时植株含氮量高易诱蛾产卵，并有利于幼虫结苞为害，也能使为害加重。

392. 如何通过农业措施控制稻纵卷叶螟的发生?

合理施肥，防止前期猛发旺长、后期贪青迟熟，促使水稻生长发育健壮、整齐和适期成熟，可以提高水稻耐虫能力及缩短为害期。另外适当调节搁田时期，降低幼虫孵化期的田间湿度，或在化蛹高峰期灌深水 2～3 天，均可收到较好的防治效果。

393. 为什么稻纵卷叶螟在水稻不同生育期为害损失不同?

稻纵卷叶螟为害所造成的产量损失，因水稻生育期不同而有所差异。分蘖期叶片受害，因其光合产物主要供植株营养生长，作物有一定的补偿能力，对产量的影响较小，但孕穗后叶片的光合产物主要供给幼穗发育，此期为害，能导致颖花、枝梗退化，增加空秕率、降低结实率和千粒重，尤其是水稻功能叶受害，直接影响干物质的积累，对产量的影响最大。因此，水稻孕穗至抽穗期受害损失大于分蘖期。

394. 如何因水稻生育期定稻纵卷叶螟防治指标?

考虑到水稻不同生育期对受害的容忍度及对天敌资源的保护和利用，以允许损失产量的 3%作为计算标准，具体防治指标：四（2）代为百穴虫量 100～150 头，五（3）代为百穴虫量 60～80 头。由于预报必须在防治适期之前作出，查定时间宜在产卵高峰至卵孵高峰期。实际确定防治指标，以产卵后至产卵高峰期的百穴卵、虫量为标准，四（2）代：百穴虫卵量为 150～200 粒（头）；五（3）代、六（4）代：百穴虫卵量为 100～150 粒（头）。由于年度间的雨湿条件对稻纵卷叶螟的适宜程度不同，稻纵卷叶螟卵的孵化率、初孵幼虫存活率有较大波动，如天气多阵雨，为害会加重，防治指标要从紧。遇高温干旱，防治指标则可适当放宽。同一虫量对不同生育期的水稻为害程度也不同，所以，确定防治指标时，分蘖期从宽，孕穗至齐穗期从紧，齐穗以后从宽。

395. 如何掌握稻纵卷叶螟的防治适期?

使用农药防治稻纵卷叶螟，应根据药剂的性能、稻纵卷叶螟发生程度及保护利用天敌等因素，防治适期一般掌握在卵孵高峰期至1龄幼虫盛期。

396. 如何对稻纵卷叶螟进行药剂防治? 防治过程中需注意哪些问题?

在稻纵卷叶螟卵孵高峰期至1龄幼虫盛期，可每公顷用25%杀虫双水剂3 750毫升，或90%杀虫单可湿性粉剂750克，或48%毒死蜱1 200～1 500毫升，但上述药剂防治效果已有所下降，目前效果较好的药剂有：每公顷用20%甲维·毒可湿性粉剂1 200～1 800克，或2.5%阿维·氟铃脲乳油1 200～1 800毫升，或1%甲维盐水剂1 500～1 800毫升，或20%氯虫苯甲酰胺（康宽）乳油150毫升，或40%丙溴磷乳油1 200～1 500毫升，或40%丙溴·辛硫磷乳油1 200～1 500毫升，或50%稻丰散乳油1 500毫升，或10%阿维·氟酰胺（稻腾）悬浮剂300～450毫升，加水750千克喷细雾或300千克弥雾。

防治过程中需注意四个方面：①用足药量，用足水量，均匀喷细雾；②用药后6小时内遇中到大雨，雨后须立即补治；③用药时避免污染蚕桑，药后田间水不能排入鱼塘；④高温季节注意安全用药。

397. 江淮稻区稻飞虱主要有哪几种? 其危害性怎样?

江淮稻区发生的稻飞虱主要有褐飞虱、白背飞虱、灰飞虱，其中褐飞虱、白背飞虱在江淮稻区不能越冬，为迁飞性害虫，以褐飞虱暴发频率高，为害重；灰飞虱能在本地越冬，不仅直接为害水稻，还能传播水稻条纹叶枯病、黑条矮缩病、玉米粗缩病病毒。

398. 褐飞虱的为害特点是什么？

褐飞虱为单食性害虫，只能在水稻和普通野生稻上取食和繁殖后代，对水稻的为害主要表现在以下几方面：

（1）直接刺吸为害　以成虫、若虫群集于稻丛基部，刺吸茎叶组织汁液，消耗稻株养分，使谷粒不饱满，千粒重减轻，瘪谷率增加。刺吸取食时分泌的凝固性唾液形成“口针鞘”，阻碍稻株体内水分和养分输导。虫量大受害重时引起稻株下部变黑，腐烂发臭，瘫痪倒伏，俗称“冒穿”、“开天窗”，导致严重减产或失收。

（2）产卵为害　产卵时刺伤稻株茎叶组织，形成大量伤口，促使水分由刺伤点向外散失，同时输导组织破坏，同化作用减弱，加速稻株瘫痪倒伏。

（3）传播或诱发水稻病害　褐飞虱是传播水稻病毒病——草状丛矮病和齿叶矮缩病的虫媒。取食及产卵时，造成大量伤口，有利于水稻纹枯病、小球菌核病的侵染为害。取食为害时排泄的“蜜露”，富含各种糖、氨基酸，覆盖在稻株上，易招致煤烟病菌的滋生。

399. 褐飞虱的越冬、迁飞规律是什么？

越冬：冬季低温和食料缺乏是限制褐飞虱越冬的两个关键因子，因此，也能以水稻在冬季能否存活作为褐飞虱能否在当地越冬的生物指标。根据褐飞虱在我国的越冬分布可划分为 3 个区域：①终年繁殖区：北纬 19 度以南的海南省南部；②少量越冬区：北回归线两侧，自海南省中部（北纬 19 度北）至北纬 25 度间。又以北纬 21 度左右为界限划分为常年稳定越冬区（北纬 21 度以南）与间歇越冬区；③不能越冬区：在北纬 25 度以北的我国广大稻区，无越冬虫源。

迁飞：褐飞虱在我国东半部的迁飞路径是：在3月下旬至5月，随西南气流由北纬19度以南中南半岛等热带终年发生地迁入，主降在珠江流域及闽南等地，在早稻上繁殖2代后，于6月间早稻黄熟时，产生大量长翅型成虫向北迁飞，主降在南岭南北，波及长江以南；7月上中旬从南岭南北稻区迁入长江流域，并波及淮河流域，7月下旬至8月上旬，长江以南双季早稻成熟时，迁到江淮间和淮北稻区。8月下旬至9月上旬淮北与江淮单季中稻成熟时开始随南气流向南回迁；9月下旬至10月上旬，由江淮间和长江中下游稻区向更南地区回迁。

400. 长江中下游地区褐飞虱一般发生几代？迁入后种群发展动态如何？

褐飞虱在长江中下游地区一年发生4代左右。以江苏、安徽沿江稻区为例，迁入虫源常年始见于6月下旬，早发年在6月中旬，迟发年在7月上旬。迁入后，在单季晚稻田种群发展动态过程可分为4个阶段：①少量迁入期：6月下旬至7月中旬，水稻处于分蘖期，迁入虫量少，灯下虫峰不明显，田间难查获；②大量迁入期：7月下旬至8月上旬，水稻处于分蘖末至拔节初期，迁入虫量大、峰次多、持续期长，田间易查获；③稳定增长期：8月中旬至9月上旬，水稻处于拔节至孕穗期，褐飞虱进入定居繁殖期，短翅型成虫增多，种群稳定上升；④种群高峰和长翅型成虫迁出期：9月上旬至10月上旬，水稻处于抽穗灌浆期，种群数量剧增，达全年虫量最高峰，此后，羽化的长翅型成虫比例激增，大量迁出，种群逐渐消减。

401. 为什么说褐飞虱短翅型成虫增多是大发生的预兆？

褐飞虱具有长、短两种翅型。长翅型起迁移扩散作用，短翅型则定居繁殖。短翅型雌成虫的繁殖势能比长翅型高，表现为产卵前期短，历期长，产卵量高。因此，短翅型的增多是种群即将大量繁殖发生的预兆。水稻植株的营养条件是促使褐飞虱翅型分化的主导因素，虫口密度、光和湿度亦有影响。3龄若虫是翅型分化的临界期，当低龄若虫取食分蘖至拔节初期的稻株，因含氮量高，有利于短翅型的分化，因此短翅型成虫在孕穗期大量出现，并经繁殖1代后，就在穗期形成田间虫量的最高峰，这就是褐飞虱在水稻穗期暴发成灾的原因。

402. 怎样理解“盛夏不热、晚秋不凉、夏秋多雨”是褐飞虱大发生的气候条件?

褐飞虱喜温湿，生长与繁殖的适温为20～30℃，最适温度为26～28℃，相对湿度在80%以上。温度过高、过低及湿度过低，不利于生长发育，尤以高温干旱影响更大，因此说“盛夏不热、晚秋不凉、夏秋多雨”是褐飞虱大发生的气候条件。

403. 褐飞虱的防治适期、防治指标如何确定?

确定褐飞虱的防治适期，应依据农药品种而定，噻嗪酮类农药应在卵孵高峰期用药，其他常规杀虫剂应掌握在3龄若虫盛期之前用药。

褐飞虱是累积性地为害水稻，在早发多发年份第五（2）代（即主害前一代）对水稻也有明显为害。据为害损失率测定：拔节至穗期中粳百穴100～250头，晚粳拔节至幼穗分化期百穴400头时有明显减产作用。所以，控制第五（2）代直接为害的防治指标是：中粳百穴大于200头，晚粳百穴大于300头。治前控后的策略指标：粳稻百穴50～100头以上，籼稻百穴大于100头。第六（3）代、第七（4）代的防治指标：籼稻8月下旬防治指标为百穴800～1 200头以上，9月上旬防治指标为百穴1 200头以上；粳稻抽穗期防治指标为百穴500头以上，灌浆期为百穴800～1 000头，蜡熟期为百穴1 200～2 000头以上；晚粳稻区10月中旬如果平均气温降至17.5度以下，而低龄若虫比例较大，即使虫量在防治指标以上也不需用药。

404. 褐飞虱的防治策略是什么？具体防治方法如何？

以选育推广抗（耐）虫品种，加强水稻健身栽培和肥水的科学管理为基础，适时合理地进行“治上压下”的药剂防治策略。

防治方法是：在低龄若虫高峰期每公顷用25%吡蚜酮可湿性粉剂300～375克，或在卵孵高峰期每公顷用25%噻嗪酮可湿性粉剂900～1 200克，加水1 125千克喷粗雾，喷药时必须注意将药液喷到稻丛基部稻飞虱栖息为害部位，才能提高防治效果；或在水稻抽穗后的若虫高峰期每公顷用80%敌敌畏2 250～3 000毫升加适量水拌潮细土225～300千克，于晴好天气田间无水时撒于稻丛基部进行熏蒸防治。

405. 白背飞虱的为害特点是什么？

白背飞虱以成、若虫群集于稻丛基部，刺吸茎叶组织汁液，消耗稻株养分，由于白背飞虱的主害期在水稻抽穗之前，所以受害后表现为植株矮小、穗短、穗小、结实率降低。严重受害时植株橙黄色渐变酱褐色，直立不塌秆。但少数白背飞虱发生多的年份，受害严重的籼型水稻也会出现枯死倒伏的“冒穿”现象。后期虫量大时会在穗部取食，造成颖壳变色，子粒半瘪，排泄的蜜露诱致煤污病发生，穗部发黑。

406. 白背飞虱的越冬、迁飞规律是什么？

白背飞虱冬春季分布或安全过冬的温度与生物指标也和褐飞虱大致相似，但耐寒力较强，越冬地区范围稍广。在海南岛南部和云南最南部地区可周年繁殖，无滞育或休眠现象。越冬北界暖冬年份在北纬26度左右，以最冷月极端低温在0℃左右，再生稻和落谷苗冬季存活区为限。个别暖冬年份在北纬27度左右，一些特殊小生境中也能查获零星存活过冬虫源。在冬季生存区内，由于天敌种类和数量多，加之耕作的淘汰，冬后残存虫量甚少，每年春夏季发生的初始虫源主要仍是从南方迁入；在北纬26度以北的不能越冬区，每年初发虫源则全由外地迁入。

白背飞虱每年初迁入虫源由南向北依次推延。长江中下游地区如浙北、苏南和沪郊在6月上中旬，苏皖江淮之间地区在6月中下旬，淮北地区在6月下旬至7月初灯下田间均可见迁入成虫。常年8月下旬后，我国季风转向，北方稻区迁出虫源在东北气流运载下向南回迁，对南方双季晚稻穗期为害有一定影响。白背飞虱初迁入各地的始见期比褐飞虱早，迁出期不完全受水稻生育期所控制，各代长翅型成虫均有向外迁出的特性，因此各地迁入和迁出的峰次频繁，形成比较复杂的局面，但各地都是以成虫迁入后田间第二若虫高峰构成主要为害世代，主害代羽化的成虫即为各地的主要迁出世代。

407. 为什么“初夏多雨，盛夏突然干旱”有利于白背飞虱发生为害？

白背飞虱发育的最适温度为22～28℃，相对湿度为80％～90％；成虫产卵以28℃为最适；若虫在25℃以上，30℃以下成活率最高；温度超过30℃或低于20℃，对成虫产卵和若虫生存均有不利影响。成虫迁入期雨日多，降雨量较大，有利于降虫、产卵和若虫孵化，大龄若虫期天气干旱可加重对稻株的为害。因此，凡初夏多雨，盛夏突然干旱，白背飞虱发生为害就较重。

408. 如何确定白背飞虱的防治适期、防治指标？

防治适期：使用噻嗪酮类（扑虱灵）农药宜掌握在主峰卵孵高峰期，双峰型年份宜在第二卵孵高峰期用药。使用吡虫啉类及其他农药宜掌握在2～3龄若虫盛期用药，双峰型年份宜在第二低龄若虫高峰期用药，轻发生年份可根据稻田其他害虫防治时兼治。

防治指标：主害代水稻分蘖末期至孕穗前期，百穴虫量

500～800 头以上，其中杂交稻可适当放宽上限，优质稻如香粳、香糯等掌握宜紧，取其下限。

409. 白背飞虱的防治策略是什么？具体防治方法如何？

白背飞虱的防治策略是：主治迁入下一代，适时进行药剂防治。

白背飞虱的防治方法是：农业防治措施上搞好群体质量栽培，科学合理施肥，浅水灌溉，控制群体密度，改善通风透光条件，促进水稻稳健生长。化学防治掌握在低龄若虫高峰期每公顷用 25％吡蚜酮可湿性粉剂 300～375 克；或在卵孵高峰期每公顷用 25％噻嗪酮可湿性粉剂 900 克左右，也可每公顷用 10％吡虫啉可湿性粉剂 300～450 克，加水 1 125 千克喷粗雾，喷药时必须注意将药液喷到稻丛基部稻飞虱栖息为害部位，才能提高防治效果。

410. 灰飞虱的寄主种类有哪些？

灰飞虱的寄主种类较多，除为害水稻外，还能为害麦类作物。其他寄主植物有稗、假稻、看麦娘、千金子等禾本科杂草，其寄主常随季节性变化而转移。

411. 灰飞虱最大的危害性是什么？

灰飞虱主要为害禾本科作物，其最大的危害性是传播病毒病，对寄主作物造成严重为害，如水稻条纹叶枯病、黑条矮缩病，玉米粗缩病等。一般年份，由于发生数量小，灰飞虱本身不足以对寄主作物造成为害。在灰飞虱发生密度很大的稻丛基部，常见由虫粪蜜露引发的煤污病症状，少数年份甚至可在穗部出现“煤黑穗”现象。

412. 灰飞虱的生活史怎样？

江苏大部分地区灰飞虱 1 年发生 5 代，苏南部分地区 6 代。

越冬若虫一般于 3 月中旬至 4 月上中旬羽化为成虫，产卵于三麦、绿肥田的看麦娘及其他禾本科杂草上，4 月下旬孵化；1 代若虫仍留在原越冬寄主上生活，部分转移到附近的早播秧田为害，5 月下旬至 6 月上旬羽化为 1 代成虫，时值麦收季节，遂大量迁移到秧田、大田产卵繁殖；2 代若虫 6 月上旬孵化，6 月下旬至 7 月上旬羽化为成虫，主要为害秧田、大田和其他栽培方式的稻田；3 代若虫 7 月上中旬孵化，7 月下旬至 8 月上中旬羽化为成虫，仍主要寄生在稻田；4 代若虫 8 月上中旬孵化，8 月下旬至 9 月上旬羽化为成虫；5 代若虫 9 月上中旬孵化，9 月下旬至 10 月上旬羽化为成虫；6 代若虫于 10 月上中旬孵化。灰飞虱以第五代迟孵化若虫和第六代若虫在晚稻收割前后转移到三麦、绿肥田及杂草上越冬。

413. 灰飞虱是如何迁移扩散的?

灰飞虱有远距离迁飞的迹象，但以当地虫源为主，并通过长翅型成虫在小范围内迁移扩散，扩大为害。在江苏，成虫一般只有两次集中迁扩过程，第一次从麦田或其他越冬寄主向秧田或早播早栽的大田迁移，这次迁移将病毒传到水稻上；第二次在水稻生长后期和玉米生长后期，由水稻、玉米田向三麦、杂草上迁移。

414. 灰飞虱若虫有哪些生活习性?

灰飞虱若虫在稻株上多栖息于离水面 3～6 厘米处，抽穗后部分若虫移至植株中上部和稻穗上。越冬若虫耐饥力强，在平均温度 8.3℃和 9.6℃的条件下，若虫的耐饥力分别为 42.7 天和 54.8 天；3 龄若虫抗寒性最强。各虫态历期因生长发育期间所处的温度不同而存在较大差异。

415. 灰飞虱和褐飞虱、白背飞虱有什么区别?

灰飞虱与褐飞虱、白背飞虱虽然都是为害水稻的飞虱，但在形态学上有根本的区别（见表 1）。

表1　稻田三种主要飞虱的区别

稻飞虱种类	头部正面	头顶、前中胸背板	雄虫外生殖器的阳茎侧突	其　他
褐飞虱	雌雄额及颊均为黄色	中胸背板三条中隆线明显	不分叉	具迁飞性，长江流域不能越冬
白背飞虱	雌雄额及颊均为黑褐色	头顶略突出，前胸背板黄白色，中胸背板中央黄白色，两侧黑褐色	分叉	具迁飞性，长江流域不能越冬
灰飞虱	雌雄额及颊均为黑褐色	头顶四方形，雄虫胸背板黑褐色，雌虫胸背板中间淡黄色，两侧褐色	不分叉，如小鸟形	主要为本地虫源，长江流域能够越冬

416. 灰飞虱传播病毒的特性怎样?

灰飞虱传毒随病毒种类不同也有其不同特点。灰飞虱吸食水稻条纹叶枯病病株的汁液后即终生带毒，且能随世代繁殖传递，40个世代后仍具较强传毒能力；灰飞虱吸食黑条矮缩病病株汁液后，亦具终生带毒能力，能在若虫体内越冬，但不能随卵传递给下一代；灰飞虱吸食小麦丛矮病株的汁液后，即具传毒能力，以1～2龄若虫最易得毒，成虫传毒力最强，能在若虫体内越冬，但不能经卵传递；灰飞虱对玉米粗缩病毒的传毒特性与黑条矮缩病和丛矮病相似，不能经卵传递。带毒灰飞虱传毒均有间歇传毒的特点。获毒灰飞虱受病毒影响生命力下降，寿命缩短，卵量减少，孵化率下降，死亡率增高。

417. 什么样的耕作方式与栽培技术措施有利于灰飞虱发生?

扩大冬小麦面积，稻麦连作，尤其是稻田套麦、麦田套稻的耕作方式，寄主条件适宜，食料丰富，有利于灰飞虱的发生。秧苗和直播稻播种过早，氮肥用量过大，稻苗生长嫩绿，易诱集灰飞虱雌虫产卵。

418. 适宜于灰飞虱发生的气候条件是什么?

灰飞虱耐寒怕热，最适宜的温度为 23～25℃，温度超过 30℃，成虫寿命短，4～5 龄若虫期延长，死亡率增加。在苏南地区，灰飞虱 1～2 代发生的迟早和数量大小，取决于 1～3 月越冬期间的气候条件。凡冬春气候温暖，少雨干旱，－5℃以下低温持续时间短，有利于越冬代和 1 代的发生。一般年份 5～6 月份气温适宜，种群密度增加快，7 月中下旬进入高温干旱的盛夏，田间虫口数量迅速下降，秋后气温降低，种群数量又有回升，但因寄主不适，故种群数量不及 5～6 月份大。因此，灰飞虱在长江中下游主要在初夏 5～6 月份发生量最大。

419. 灰飞虱有哪些天敌?

灰飞虱天敌种类与褐飞虱和白背飞虱相同，以螯蜂、线虫、稻虱缨小蜂对种群的抑制作用最大。此外，还发现有捕食螨，这种益螨体呈鲜红或橘红色，可捕食 2～3 龄灰飞虱若虫。

420. 水稻后期出现“煤黑穗”现象的主要原因是什么?如何防止发生“煤黑穗”?

水稻后期稻穗发黑现象主要是灰飞虱集中到穗部活动，刺吸汁液、分泌蜜露造成霉菌污染引起的，特别是在灰飞虱发生量大、穗期遇阴雨天气多，田间湿度大的田块发生较重。灰飞虱已连续多年大发生，它对作物的为害主要是前期传毒引起水稻条纹叶枯病、水稻黑条矮缩病、玉米粗缩病等病毒病。近年来秋季气温偏高、水稻生育期推迟，前期防控效果差的田块灰飞虱虫量高，在水稻生长后期大量转移到稻穗上为害，使稻穗发黑，影响稻谷灌浆，导致稻谷减产和稻米品质下降。

及时防治灰飞虱是防止稻穗发黑、长霉的重要措施，最好是前期及时防控灰飞虱，压低后期发生基数，如果前期灰飞虱防控效果差，应在水稻抽穗期结合褐飞虱等害虫，每公顷用25%吡蚜酮300～375克进行防治。

421. 什么是钻蛀性害虫？水稻上重要的钻蛀性害虫有哪些？

钻蛀性害虫是指能钻到植株内部为害的害虫。水稻上重要的钻蛀性害虫主要有二化螟、三化螟、大螟。

422. 二化螟发生规律如何？

二化螟在江苏省常年发生2代，气温较高的年份有不完全的第三代发生。以老熟幼虫栖于稻根内越冬，也有少量的在稻草内越冬。虫龄较低的越冬幼虫在春季能转株到三麦和油菜茎秆内摄取营养，造成麦子白穗或枯孕穗。第一代成虫于5月20日左右和5月底至6月上旬出现由田间虫源组成的2个高峰，6月中旬稻草内虫源羽化。第二代成虫于7月下旬至8月上旬出现1～2个高峰，淮北地区在8月上旬还有1个尾峰。

423. 二化螟的为害特点怎么样？

第一代成虫主要集中在中、晚稻秧苗上产卵，可带卵或带低龄幼虫移栽到大田；早栽中稻大田也可能遭受第一代幼虫为害，造成枯鞘、枯心。第二代幼虫为害中、晚稻和三熟制后作稻（瓜后稻、豆后稻、玉米后作稻）大田，造成枯鞘、枯心、枯孕穗、白穗和虫伤株，虫口密度高的田后期虫伤株可成团塌秆，造成“冒穿”。一般受害叶鞘2～3天后变色，7～10天后枯黄，即枯鞘期。此时幼虫尚未侵入心叶或稻茎，是查治的有利时机。

424. 二化螟有哪些生活习性？

成虫多在晚间羽化。白天静伏在稻田和杂草中，夜晚飞出活动。趋光性强，对黑光灯更敏感。成虫羽化当晚或翌日交尾，再经1天开始产卵，每雌成虫产卵2～3块，平均每个卵块有卵：一代38.7粒，二代82.6粒。开始产卵后的2～3天内产卵最多。雌蛾多选择株高、秆粗、剑叶长、叶色深绿的田块产卵，水稻分蘖期和孕穗期落卵量最多。杂交稻上落卵比常规稻多。秧苗至分蘖期卵多产在第一、三叶正面距叶尖3～6厘米处；分蘖后期到抽穗期卵多产在离水面7～10厘米的第二叶叶鞘上。

蚁螟出壳后，大部分沿稻叶向下爬行或吐丝下垂，从心叶、叶鞘缝隙或蛀孔侵入。秧苗小时，蚁螟多小股分散为害，5～6叶龄后蚁螟先集中在叶鞘内侧取食叶鞘内壁组织。幼虫2龄后开始蛀食稻茎，再形成枯心、枯孕穗、白穗和虫伤株。常见数头或数10头幼虫同在一株内为害。食料不足，则分散转株为害。天气干燥缺水、稻株生长受阻时，幼虫转移频繁，为害加重。幼虫老熟后在茎秆或叶鞘内侧化蛹，越冬幼虫在稻桩、稻草或夏熟作物茎秆内化蛹。在稻秆内的化蛹部位常随水位高低而升降。

425. 适宜二化螟发生的气候条件是什么？

二化螟生长发育的最适温度为23～26℃，相对湿度85%～100%。幼虫抗高温能力弱。夏季高温干旱，温度超过30℃，对幼虫发育不利。稻田水温连续几天超过35℃，幼虫死亡率达80%～90%。7～8月间如遇台风暴雨，田间积水深，能淹死大量的幼虫和蛹。春季温暖、湿度正常的年份，越冬幼虫死亡率低，发生早；春季低温多雨，发生迟。蛹期遇寒流，死亡率增加。

426. 什么样的栽培制度、品种布局、栽培管理措施有利于二化螟发生？

耕作制度对二化螟发生影响明显。耕作制度趋向简单，二化螟种群相应上升。在早中籼和杂交稻为主地区二化螟发生为害较重。

籼粳并存区，籼稻发生较重；有芒稻重于无芒稻；秆高、茎粗、叶宽而长的品种受害重于矮秆、茎细、叶窄且短的品种。

偏施氮肥，植株生长旺盛，能诱集二化螟产卵，且增加其繁殖力。浅水勤灌，稻苗生长健壮，幼虫转移次数少，为害相应减轻。

427. 二化螟的防治策略是什么？如何采取农业措施和物理方法防治二化螟？

以栽培避螟措施为基础，科学合理用药为重要手段，辅以越冬场所清理，全面控制二化螟的为害。

（1）农业防治　适当推迟播栽期，是实行栽培避螟的有效措施。推广抛秧、旱育稀植等水稻轻型栽培技术，可有效避过一代二化螟早期虫源在秧田的产卵；常规水稻推迟至 5 月 20 日左右播种，6 月 20～25 日移栽，把一代二化螟主峰幼虫歼灭在秧田，减少大田防治压力。

（2）物理防治　应用频振式杀虫灯杀灭二化螟成虫，每4～5 公顷稻田安装 1 盏灯，控虫效果为 50%～60%。

428. 二化螟的防治适期、防治指标如何？

（1）防治适期　第一代：在卵孵高峰后 3 天内用药，秧田也可结合移栽前施“起身药”。

第二代：在卵孵高峰后 5 天内，可以根据发生量的多少及总体防治来安排治螟。

（2）防治指标　第一代：秧田查见卵块每公顷 1 500 块。但考虑到带卵（或幼虫）移栽后对大田为害以及从压低二代发生基数的需要出发，对秧田的防治指标可从紧掌握。

第二代：卵孵高峰后 3 天的穴枯鞘率：中籼稻 0.3%～0.5%；杂交稻 0.5%～0.8%；中、晚粳稻 1%左右，必须用药防治。

429. 二化螟的化学防治方法如何？防治过程中需注意哪些问题？

化学防治是控制二化螟为害的重要措施。每公顷用20％阿维·唑磷乳油1 200～1 500毫升，或20％阿维·毒乳油1 200～1 500毫升，或20％氯虫苯甲酰胺（康宽）150毫升，或10％阿维·氟酰胺（稻腾）悬浮剂300～450毫升，加水900～1 125千克均匀喷雾。要注意农药的轮换使用，延缓抗药性产生；用药时田间建立浅水层，并保水3～5天，以保证防治效果；用药时避免污染蚕桑，药后田间水不能排入鱼塘。

430. 三化螟的为害特点是什么？为什么水稻分蘖期和孕穗破口期是三化螟最易为害的时期？

三化螟幼虫在水稻苗期和分蘖期从稻茎基部蛀入，咬断茎内组织，破坏输导功能，使心叶失水纵卷呈葱管状，而后逐渐凋萎枯黄，造成枯心苗。这种枯心苗早期叶鞘不枯黄，不扭转旋卷，易拔起，断处有虫咬痕迹且平齐；幼虫在孕穗末期和抽穗初期侵入，咬断穗颈，水稻养分输送中断，造成白穗，这种白穗容易拔起，剑叶鞘不枯黄，剥开叶鞘，穗茎上有环状咬断的平齐伤痕，剥开穗茎，茎内虫屑、虫粪较少，青白干爽。

水稻本田各个生育期与三化螟蚁螟侵入率的高低有密切关系。在分蘖期，植株组织柔软，叶鞘包裹疏松，蚁螟易于侵入形成枯心；圆秆拔节期有多层叶鞘紧包茎秆，组织较坚硬，蚁螟侵入困难；孕穗破口期，此时只有剑叶鞘包住穗苞，比较柔嫩，蚁螟容易从剑叶鞘或合缝处钻入，先蛀食花蕊，穗抽出后，幼虫发育至2龄，从小穗中爬出，下行至穗颈基部蛀入，形成白穗；水稻抽穗后，茎秆组织硬化，蚁螟就不易侵入。因此，水稻在生长发育过程中，分蘖期和孕穗破口期是三化螟最易为害的时期。

431. 三化螟发生规律如何?

三化螟在江苏一年发生3代，暖秋年份可发生不完整的第四代。以老熟幼虫在稻桩内滞育越冬，翌年4～5月气温回升到16℃以上时开始化蛹。第一代成虫在5月中旬盛发，5月下旬出现高峰，5月底6月初为盛发末期，为害中、晚稻秧田和早栽大田，造成枯心。第二代成虫7月上旬盛发，7月中旬出现高峰，7月下旬为盛发末期，为害中、晚稻大田和瓜后稻等三熟制水稻秧苗，造成枯心。第三代成虫8月上旬盛发，8月中下旬出现高峰，8月底9月初为盛发末期，为害造成白穗。

432. 三化螟有哪些生活习性?

三化螟成虫多在晚间羽化，白天静伏在稻丛间，黄昏开始活动。趋光性强，多在上半夜扑灯，天气闷热的风静月黑之夜扑灯最多。羽化后当晚开始交配，次日开始产卵，卵块多产于叶片上。螟蛾产卵有显著的选择性，凡生长嫩绿茂密，处于分蘖、孕穗至露穗初期的稻田，或施氮肥多的稻田，稻株含稻酮多，卵块密度大。螟卵多在清晨和上午孵化。初孵蚁螟先在稻株上爬行一段时间，后多数爬至叶尖，吐丝随风飘散至周围稻株蛀茎为害。幼虫有转株为害习性，一生可转株1～3次，以3龄幼虫转株较为普遍。幼虫老熟后移至稻茎基部近水面处或土下1～2厘米的稻茎中，经过预蛹，然后化蛹。

433. 适宜三化螟发生的气候条件是什么?

三化螟发生期的迟早，常受气候因素的影响。春季16℃以上日平均温度的出现期与越冬代始蛾期相符合，春季温度回升早，化蛹期间温度高，越冬代蛾始见期即早，反之则迟。气温的高低亦影响到秋季局部世代的转化情况。春季雨水多少关系到越冬后幼虫及蛹的存活率，如4～5月间干旱少雨，则死亡率低，全年的发生基数相对较大。8～9 月第三代三化螟发生时，如天气闷热，刮西南风或天气多雾，对发生为害极为有利，田间白穗发生就会加重。

434. 为什么早稻、中稻、晚稻并存或单、双季稻并存有利于三化螟发生？

三化螟是典型的单食性害虫，它的发生完全依存于水稻品种生育期和栽培制度。各类水稻的不同生育期，对吸引三化螟蛾产卵、蚁螟侵入率、幼虫存活率、幼虫发育进度和螟蛾繁殖力有着明显不同的影响。在水稻的生长过程中，有利于三化螟钻蛀侵入的生育期是分蘖期和孕穗至抽穗期，而秧田期、移栽返青期、圆秆拔节期和齐穗以后不利于三化螟侵入。在早稻、中稻、晚稻并存或单、双季稻并存的地区，第一代蚁螟盛发时，早稻处于分蘖期，成为第一代三化螟的繁殖场所。第二代蚁螟盛发时，迟栽的单季中稻和早栽的单季晚稻处于分蘖阶段，适于第二代三化螟的生存和繁殖，成为从第一代过渡到第三代的“桥梁田”。因此，早稻、中稻、晚稻并存或单、双季稻并存的地区，由于三化螟的食源丰富，利于其繁殖、为害。

435. 三化螟的防治策略是什么？如何采取农业措施和物理方法防治三化螟？

三化螟防治策略是：以栽培避螟与药剂防治相结合，狠治一代，兼治二代，决战三代。

(1) 农业防治　品种布局在同一自然地区要比较单纯合理，尽可能避免单、双季稻以及早、中、晚稻插花混栽，减少三化螟上下代辗转繁殖为害的“桥梁田”；苏北中稻区宜选用在三代三化螟卵孵高峰前齐穗的水稻品种，以减轻三代三化螟的为害。单季中晚粳稻区应适当迟播，并推广肥床旱育秧，避开越冬代成虫盛发期，压低一代有效虫量。集中栽插期，并早追促蘖肥，及时搁田，缩短分蘖期，孕穗抽穗整齐。总之，要尽量降低蚁螟易侵入的危险生育期与蚁螟盛孵期的吻合程度。秋播秋种灭茬杀虫，少（免）耕地区实行浅旋耕灭茬后机条播种麦或栽油菜，破碎稻根，既能直接杀死残留幼虫，又能增加越冬幼虫死亡率，减少来年发生基数。

（2）物理防治　利用三化螟的趋光性，结合其他害虫的防治，以黑光灯、频振灯诱杀成虫。秧田期在三化螟成虫盛发期间，覆盖无色防虫网，阻隔螟蛾进入产卵繁殖。

436. 三化螟的防治适期、防治指标如何?

三化螟各代防治适期及防治指标如下：

一代秧田每公顷卵量达到 450 块以上的要在卵孵高峰期用药防治。

二代防治要在枯心苗出现前杀灭幼虫。凡每公顷卵量达 450 块以上的田块均应防治，一般掌握在卵孵高峰前 1～2 天用药 1 次。发生量大的（每公顷全代卵量达 1 500 块以上，或在卵孵始盛期每公顷查到枯心团 450 个以上），要用药 2 次，间隔期 5 天左右。

三代要在抽穗前杀死蚁螟，才能防止白穗的发生。凡螟卵盛孵期内，孕穗（大肚）植株达 10%以上至齐穗植株 80%以下的稻田，均列为防治对象田。当发生基数达到中等偏轻的，一般掌握在破口 5～10%时用药 1 次，对发生量大的（每公顷卵量达 1 500块以上）或破口抽穗期长达 7 天以上的田块，用药 2 次，间隔 5 天。

437. 三化螟的化学防治方法如何? 防治过程中需注意哪些问题?

每公顷用 20%三唑磷乳油 2 250 毫升，或 50%稻丰乳散乳油 1 800 毫升，或 48%毒死蜱乳油（乐斯本）1 500 毫升，或用

20%氯虫苯甲酰胺（康宽）150毫升，加水900千克喷雾或加水300千克机动弥雾。

三化螟对杀虫双、杀虫单等沙蚕毒素类药剂已产生抗性的地区，应停止使用，没有产生抗性的或抗性已减退的地区，可与上述有机磷药剂轮换使用，抑制抗性产生。药液喷洒要均匀周到，施药前要上足水层3～5厘米，施药后保水5～7天，有利于药效的发挥。

438. 大螟发生规律如何？

大螟在江苏省一年发生3代，暖秋年份在部分地区有不完全第四代发生。但在以杂交稻为主的地区，每年可发生4代。

大螟以幼虫越冬，部分未老熟幼虫开春后为摄取营养而继续为害三麦、油菜、蚕豆等冬作物，造成三麦枯心、白穗。第一代成虫4月中下旬初见，5月上中旬盛发，一般有2～3个蛾峰，多的年份有4～5个蛾峰。在水稻与春玉米并存地区，第一代成虫大多在春玉米田产卵为害，造成枯心和虫伤株。第二代成虫6月下旬至7月初始见，7月上中旬盛发，幼虫于7月下旬至8月上旬为害中稻和早发的晚稻造成枯心。第三代成虫7月下旬至8月初始见，8月上中旬盛发，幼虫于8月下旬至9月上旬为害中晚稻和后季稻造成白穗、虫伤株和枯孕穗。暖秋年份，第四代成虫9月下旬初见，10月上旬盛发，对生育期迟的晚稻和后季稻造成一定为害。

439. 大螟的为害特点是什么？

稻田初孵幼虫先群集在叶鞘内取食，造成枯鞘，2～3龄后分散蛀茎，出现大量枯心，以后幼虫不断转株为害，直至孵化后20天左右，枯心才停止发展。孕穗期产在穗苞内的卵，孵化后幼虫先在穗苞内为害幼穗，造成枯孕穗，抽穗后幼虫爬出，钻入穗颈形成白穗；叶鞘内卵孵化后的幼虫先集中取食，2龄后侵入稻茎，已抽穗的稻株，幼虫多直接从剑叶鞘上钻孔侵入穗颈，造成白穗和虫伤株。幼虫进入高龄期，开始向下转移，蛀食稻茎，形成虫伤株。平均 1 个卵块孵出的幼虫能造成 10～20 根白穗、枯孕穗和数十根虫伤株。

440. 大螟有哪些生活习性?

大螟成虫羽化多在下午 7～8 时，白天栖息在杂草丛中或稻丛基部，晚上 8～9 时活动，扑灯盛期在午夜 11 点到第二天凌晨 1 点半。成虫第一代具较强的趋光性，高温期第二、三代趋光性弱，第四代又转强。第一代雌蛾性外激素有较强的诱集作用，第二、三代诱集力差，因此，灯诱或性诱在高温季节往往反映不出成虫的消长情况。

成虫喜在较开阔的空间活动产卵，有明显的趋边性。圆秆到孕穗期的稻田，产卵多集中于沿田埂和中心沟旁的边行；水稻穗期卵块向田中心分散，但边行卵量仍明显多于田中心。雌蛾产卵选择性强，第一代成虫喜产卵于玉米基部第二叶叶鞘内侧；第二代成虫喜产卵于田边稗草上，秆高、茎粗、叶鞘紧密适中的田边稻株上，也有少量卵块分布。第三代孕穗期和刚齐穗的稻苗上卵块最多，卵主要产在水稻叶鞘内侧，多数产在距叶枕 3 厘米以内。

初孵幼虫先群集在叶鞘内取食，2～3 龄期开始分散转移。幼虫老熟后移至下部叶鞘内或稻丛间化蛹，少数化蛹在枯孕穗或稻茎中；麦田枯心、白穗中的大螟在麦茎中或转移到稻桩中化蛹。

441. 大螟的防治策略是什么？如何采取农业措施防治?

根据大螟发生特点，采取“兼治一、二代，狠治三代”的防治策略。

防治大螟的农业措施主要包括田边栽稗诱卵，在卵块盛孵 5～7 天，幼虫分散前拔除销毁，同时拔除田边 1 米内的稗草，能取得较好防治效果。稻田在幼虫扩散前剪除受害稻株或稗草株，集中销毁。

442. 大螟的防治适期、防治指标如何？

(1) 防治适期 卵孵高峰期用药。发生量偏多的地区在卵孵盛期用第一次药，隔5～7天用第二次药，或根据成虫几个高峰期相对应的几个卵孵高峰期用药。

(2) 防治指标 第一代春玉米田应对近村宅的玉米田田边进行防治。稻田结合防治二化螟、三化螟于秧田期施药。凡越冬后大螟残留虫量每公顷大于450头的地区，要对早栽大田的边行施药，专治大螟。第二代可结合防治三化螟或稻纵卷叶螟兼治。在第三代发生偏多的地区，要在水稻孕穗期至破口期施药防治。

443. 大螟的化学防治方法如何？

每公顷用30%毒·唑磷乳油1 200毫升，或20%阿维·二嗪磷乳油1 800～2 250毫升，或15%阿维·毒乳油1 500毫升，加水900千克喷雾。用药时田间保持水层并保水3～5天。

444. 二化螟、三化螟、大螟为害症状有什么区别？

二化螟、三化螟及大螟为害症状区别见表2。

表2 二化螟、三化螟、大螟为害症状区别

	二化螟	三化螟	大螟
植株表现	枯鞘、枯心、枯孕穗、白穗、虫伤株	无枯鞘、有枯心、枯孕穗、白穗、虫伤株	枯鞘、枯心、枯孕穗、白穗、虫伤株
蛀孔形态	近圆形	小而圆	大，椭圆形或长椭圆形
粪便状况	较多，粪粒不清晰	少且粪粒较清晰	最多，粪粒不清晰
秆内虫数	多头群集，多者可达数十头，甚至上百头	1头独居	1龄时群集，2龄后分散，多数1头，少数多头

445. 稻象甲发生规律如何?

稻象甲在江苏省一年发生1代。以幼虫为主在稻桩及其附近越冬，也有极少数蛹和成虫在田埂、田边杂草及残叶下越冬。次年，越冬幼虫于5月上旬陆续化蛹，5月下旬至6月初出现化蛹高峰，5月中下旬开始羽化成虫，6月上中旬盛发，大田成虫高峰期一般在6月中下旬至7月上旬初。

446. 稻象甲的为害特点是什么?

成虫和幼虫均为害水稻，以幼虫为害对产量损失较大。成虫咬食近水面稻苗心叶，被害心叶抽出后，轻者产生一列横排小孔，重者稻叶折断。幼虫集中在土表下3～5厘米处取食水稻幼嫩须根，不仅直接影响产量，还诱发水稻基腐病和小球菌核病的发生。水稻苗期受害后造成断叶缺苗，严重的甚至毁苗，水稻成株期受害后，主要是增加空瘪粒和降低千粒重。小苗移栽稻、直播稻和早播早栽稻苗期是重点为害对象田。

447. 稻象甲有哪些生活习性?

稻象甲成虫主要在早晨和傍晚活动，白天多潜伏于稻苗和稻丛基部及田埂杂草丛、土缝等处，阴雨天全天为害。成虫喜食甜物，有假死性、趋化性和弱趋光性，坠入水中能潜行或在水面迅速游动。

卵多产于稻苗基部叶鞘上，产卵时在叶鞘上咬1个小孔，每孔产卵3～5粒，多者10粒，稻苗基部叶鞘浸水情况下，能潜入水中产卵，卵在水中能正常生长发育。

幼虫孵化后，沿稻株潜入土中，取食幼嫩根须，有时一丛稻根中常聚居数十以至百余头。老熟幼虫在稻根附近作土室化蛹。幼虫在长期浸水田中不能化蛹，但一旦离水，老熟幼虫即能化蛹。蛹耐浸水，但发育速度比不浸水的慢，且蛹死亡率随浸水时间延长而增加。成虫羽化后仍暂时蛰伏于土室，2～3天后出外活动。

448. 什么样的气候条件、耕作制度有利于稻象甲发生?

春季温暖多湿有利于稻象甲越冬幼虫化蛹羽化，水稻分蘖期多雨有利于成虫产卵。通气性好的沙质土发生为害较重。

耕作制度对稻象甲的发生也有很大影响，推行免耕栽培方式后，越冬期稻象甲蛹受机械损伤的可能性大大下降，越冬死亡率低。冬绿肥播种面积的大小对稻象甲的发生也有很大影响，冬绿肥面积大，有效越冬虫源多。

449. 稻象甲的防治策略是什么？如何采取农业措施和物理方法防治?

稻象甲的防治策略是通过采取农业防治措施，来压低发生基数，成虫期及时用药控制为害，主要有：

(1) 农业防治　提倡少免耕与深耕轮换，以降低越冬虫源基数。铲除田边、沟边杂草，清除越冬成虫。

(2) 物理防治　糖水草把诱杀成虫。在成虫盛发期，按水、糖、醋比例为5∶1∶1加少量白酒混合后浸湿草把，放入秧田或分蘖期大田，再在草把下撒一层毒土诱杀成虫。

450. 稻象甲的防治适期、防治指标如何？怎样进行化学防治?

(1) 防治适期　掌握在秧苗三叶期和拔秧前2～3天用药防治；水稻移栽后5～10天当虫量达防治指标时立即用药，可结合螟虫防治。

(2) 防治指标　每穴成虫杂交稻1～1.5头，单季晚粳0.8～1头，小苗早栽稻0.5～0.8头。

(3) 防治方法　每公顷用90%晶体敌百虫3 000克，或

10%吡虫啉可湿性粉剂300～450克，加水750千克喷雾。

451. 稻螟蛉发生规律如何?

稻螟蛉每年发生代数，自北向南递增。江苏一年发生4代，第一代成虫5月下旬至6月上旬，第二代7月上旬，第三代8月上旬，第四代9月上旬。稻螟蛉在地区间、年度间发生为害的时期不完全相同。以7～8月间的二代和三代对水稻为害较重，其他季节一般虫口密度较低。

452. 什么样的气候条件、栽培措施有利于稻螟蛉发生?

晚稻秧苗期，前期多雨，后期干旱，有利于稻螟蛉的发生；田边、沟边杂草丛生的稻田，受害尤为严重；迟播及氮肥过多、生长嫩绿的秧田及本田能引诱成虫集中产卵，为害较重。

453. 稻螟蛉的为害特点是什么?

稻螟蛉以幼虫取食水稻叶片。1～2龄幼虫啃食稻叶正面叶肉，留下叶脉及一层表皮，被害叶常呈现许多白色长条纹；3龄幼虫开始大量啮食叶片，造成不规则的缺刻，影响水稻生长，尤以苗期被害影响更大。

秧田期为害严重时，可把叶片吃尽，残留基部，状似“平头”；本田期为害严重时，稻叶被食，仅剩中肋，状似“洗帚把”，严重影响水稻生长发育，造成减产。

454. 稻螟蛉有哪些生活习性?

稻螟蛉成虫多在清晨羽化，白天隐伏于稻丛或草丛中，遇惊动即迅速逃逸。成虫夜间活动，以晚上8～9时最盛。趋光性很强，灯下雌蛾多未产过卵。交尾多在晚上7～12时之间进行，交尾后当晚或隔晚产卵，卵多产在稻叶中部，正反面都有，少数产在叶鞘上，通常1～2行整齐排列成块，一般为7～8粒，多的达

20多粒，少数单粒散产。每头雌蛾产卵42～534粒，平均250粒左右。

卵多在清晨孵化。幼虫孵出后，先在叶片上爬行，经1小时左右即啃食叶肉；3龄后，即自叶缘蚕食叶片，也有先在叶的中部咬孔再向周围咬食。幼虫如受惊动，则跳跃下落，再游水爬至他株为害。幼虫共6龄，老熟后爬至叶端，引丝屈折叶尖做成粽子状的虫苞居于其中，再从苞隙伸出头部把下面的稻叶咬断，使之落下，幼虫即在下坠的苞内作薄茧化蛹。但也有少数蛹苞不与叶身分离，或不作粽状苞而卷叶化蛹的。

455. 如何采取农业措施和物理方法防治稻螟蛉?

(1) 农业防治　冬春清除田边、沟边杂草，毁其越冬巢穴，消灭虫蛹；均衡施用氮肥，避免水稻群体过旺，长势嫩绿。

(2) 物理防治　在成虫盛发期间，结合治螟使用频振式杀虫灯诱杀成虫。

456. 稻螟蛉的防治适期、防治指标如何? 化学防治方法如何?

(1) 防治适期　掌握在2～3龄幼虫高峰期施药。

(2) 防治指标　百穴卵量300粒以上或百穴1～2龄幼虫150头以上的田块，须用药防治或兼治。

(3) 防治方法　每公顷用90%杀虫单可湿性粉剂750克，或20%阿维·唑磷乳油1 500毫升，或48%毒死蜱乳油1 200毫升，或30%乙酰甲胺磷乳油2 250毫升，加水750千克均匀喷雾，或加水225千克弥雾。

457. 稻苞虫发生规律如何?

在江苏省发生4代，南部越冬代成虫出现在5月上中旬，一代成虫在6月中旬左右羽化，二代成虫约在7月下旬盛发，三代成虫发生于9月上中旬。北部二代幼虫6月下旬开始发生，三代幼虫于7月底盛孵，四代幼虫9月上中旬开始发生。全省以7月下旬至8月中旬三代幼虫发生数量最大，为害最重，主要为害单季晚稻、早栽常规中稻和杂交稻。越冬情况不明，大发生年份在淮北稻区调查难以发现越冬虫态。

458. 稻苞虫的为害特点是什么?

稻苞虫初孵幼虫先取食卵壳，然后爬至稻叶端部吐丝将叶卷成筒状。虫龄越大，结叶越多。幼虫白天躲在苞内取食，傍晚或阴雨天则爬出苞叶外取食稻叶，1头幼虫一生可为害10多张叶片，3龄前食量不大，4龄后激增，5龄幼虫进入暴食期，食量占幼虫总食量的86%。幼虫有更换虫苞的习性。老熟幼虫在苞内或爬至稻丛基部植株间吐丝结薄茧化蛹。

459. 稻苞虫成虫有哪些生活习性?

稻苞虫成虫昼出夜伏，白天活动最盛时间为上午8～11时和下午4～6时。阴雨天，大风和盛夏中午则静伏于植株丛间。喜吸食瓜类、棉花、向日葵、芝麻、野菊花、千日红的花蜜。利用这一习性，可设花圃诱集成虫，用于预测幼虫的发生期。成虫多在上午6～9时羽化，后经1～4天交配，交配后1～3天产卵，卵多散产于稻叶背面，正面也有，一般每次产卵1～2粒，多的6～7粒。每头雌虫一生产卵100～200粒，多者300粒。成虫产卵对水稻有明显的选择性，在成虫盛发期，以处于分蘖期生长旺盛的稻株着卵最多，圆秆拔节期的着卵较少。

460. 适宜稻苞虫发生的气候条件是什么?

稻苞虫发生的适宜温度为24～30℃，相对湿度为75%以上。6～7月份降雨量和降雨日数多，特别是时晴时雨，吹东南风，白昼下雨的天气有利稻苞虫的发生；若高温干旱，则发生少。

461. 稻苞虫的防治策略是什么？如何采取农业措施和物理方法防治？

根据稻苞虫的发生特点，采取防治主害代的策略。

（1）农业防治 铲除田边、沟边、塘边杂草及茭白残株，恶化越冬幼虫的生存环境。

（2）物理防治 幼虫发生密度不高或虫龄较大时，可人工剥虫苞，捏死虫、蛹，或用拍板拍杀幼虫。

462. 稻苞虫的防治适期、防治指标如何？怎样进行化学防治？

（1）防治适期 2～3 龄幼虫高峰期。

（2）防治指标 分蘖期百穴 2～3 龄幼虫杂交稻为 41 头，常规稻为 36 头；孕穗期百穴 2～3 龄幼虫杂交稻为 33 头，常规稻为 25 头。

（3）防治方法 每公顷用 90%晶体敌百虫 2 250～3 000 克，或 40%毒・辛乳油 1 200～1 500 毫升，或 15%阿维・毒 1 200～1 500 毫升，或用生物制剂苏云金杆菌（Bt）水剂 1 500～2 250 毫升，加水 750 千克常规喷雾，或加水 225 千克弥雾。

463. 黑尾叶蝉的为害特点是什么？

黑尾叶蝉以成、若虫群集稻棵基部刺吸汁液，造成许多褐色斑点，影响水稻的生长，受害严重时，能使稻苗致死，后期稻株基部发黑，甚至倒伏。除刺吸为害外，在我国作为病毒及类菌原体病原的介体，主要传播水稻矮缩病，黄矮病和黄萎病；在亚洲一些稻产区国家，还传播水稻簇矮病、瘤矮病和东格鲁病。其传毒为害所造成的损失往往比刺吸为害严重。

464. 黑尾叶蝉发生规律如何？

黑尾叶蝉在苏南、皖南、上海等地一年发生 5 代。长江中下游黑尾叶蝉主要以4龄若虫、少数有3龄若虫在冬绿肥田、田埂、沟边等禾本科杂草上越冬，其中以紫云英、苕子绿肥田的虫口密度最大。冬春主要寄主为看麦娘和早熟禾。越冬期间如气温达12.5℃以上，仍可活动取食。越冬若虫在次年早春旬平均气温达10℃以上，或候平均气温在13℃以上，便陆续开始羽化，通常在3月下旬至4月上旬，各地各代成虫发生期因早春气温回升的迟早而不同。苏南越冬代成虫盛发期为4月下旬至5月上旬，以后各代分别出现在6月上旬、7月中下旬、8月中下旬和9月中下旬。在单双季稻混栽地区，黑尾叶蝉全年有两次重要的迁飞扩散期，第一次在4月至5月上旬，越冬代成虫从夏寄主迁至早稻秧、本田，这代成虫是构成稻田以后各代发生的基数，也是将毒源传播到水稻上的关键时期；第二次在7月下旬前后，前季稻收割时，由2、3代成、若虫向后季稻秧、本田和单晚大田迁飞扩散，这次迁移不论在虫口数量上或刺吸传毒为害上都大大超过第一次迁飞期，尤其是邻近早稻田早栽的后季稻边行，虫量会突然猛增，稻苗在短期内可被害致死。此时单季晚稻在双抢期间也成为黑尾叶蝉从早稻过渡到晚稻的“桥梁苗”。8月上中旬主要由3、4代重叠形成的若虫高峰，是双晚和单晚全年虫量的最高峰期，也是刺吸为害的重要时期，尤其是生长嫩绿的后季稻和孕穗期的单季晚稻受害最重。5代若虫10月中下旬盛发，后随水稻成熟收割发育至3、4龄转移到越冬寄主上，进入越冬阶段。

465. 黑尾叶蝉成虫有哪些生活习性？

黑尾叶蝉成虫多在上午7～10时羽化，性活泼，白天栖息于稻株中下部，早晚可到叶片上部为害，趋光性强，尤以无风黑夜、天气闷热时扑灯最多，并有趋嫩绿习性，故稻苗2、3叶生长嫩绿的秧田期和本田移栽后10～15天内为成虫的主要迁入期，也是传播病毒的关键时期。成虫寿命因温度而异，25～27℃为

13～14天，29～30℃为11天，以越冬代成虫的寿命最长，其次为第一代，带毒成虫寿命比正常者短。成虫产卵前期在25～31℃为5～9天，以越冬代和末代成虫最长。卵块产于叶鞘边缘组织内，卵粒倾斜成单行排列，产卵处外表有隆起的斑块，2～3天后变为黑褐色。每一卵块有卵11～20粒，多的有30粒。每雌虫一生产卵量各代间差异很大，通常在数十粒至一百多粒，以1代产卵量最高，最多可达889粒。卵期21～23℃为10～14天，24～25℃为7～11天，26～30℃为6～8天，30～32℃为5～7天。

466. 什么样的气候条件有利于黑尾叶蝉发生？

黑尾叶蝉生长发育的最适气温为28℃左右，适宜的相对湿度为70%～90%。气候主要影响越冬后的虫口基数及各代的繁殖和发育速率。一般冬春气温偏高，雨日、雨量少，地表湿度低时，越冬黑尾叶蝉的存活率就高，且有利于病毒在体内繁殖；夏秋高温干旱，有利于黑尾叶蝉的大发生，但在超过30℃的持续高温条件下，又会影响到黑尾叶蝉的繁殖和存活率。

467. 栽培制度怎样影响黑尾叶蝉的发生？

栽培制度是影响黑尾叶蝉发生为害轻重的前提。单季晚稻区，一般5月中旬前后落谷，秧苗露青时，越冬代成虫羽化盛期已过，由于早期迁入虫量少，以后各代发生亦会受到影响，即使经过1、2代繁殖虫量增高时，稻株组织已老健，抗虫力增强，因此，发生为害较轻；纯双季稻区，7月下旬至8月上旬早稻成熟收割，耕翻灌水等农事操作，造成大批若虫死亡，因而其发生就会受到抑制；单、双季混栽区或双季连作区早、晚稻品种复杂，由于育秧提前，收获延迟，播种和栽秧期拉得很长，田间易感秧苗不断，为各代发生提供了适宜繁殖的食料条件，是导致黑尾叶蝉为害加重、病害流行的主要原因。

468. 水稻品种与栽培技术是否影响黑尾叶蝉的发生？

水稻品种是影响黑尾叶蝉发生的一个重要因素。不同品种的叶色、叶形、株型、茎秆粗嫩、分蘖强弱以及生育期等的差异，均会影响到其为害程度的轻重。通常糯稻受害重于粳稻，粳稻又重于籼稻，因前者叶色浓绿，组织柔软，能引诱成虫产卵，又适于取食和繁殖。据国内外研究，凡属抗黑尾叶蝉的水稻品种均为籼稻型，感病品种均为粳稻型。

栽培技术对黑尾叶蝉发生也有影响，主要是通过改变小气候和食料条件而产生。凡多肥密植、行间郁蔽以及早栽早发的稻田，发生为害较重。

469. 黑尾叶蝉的防治策略是什么？如何抓好农业防治？

防治虫传水稻病毒病的策略是“农业防治为基础，治虫防病抓适期”。因此，在病毒病流行地区，防治黑尾叶蝉要抓住两个迁飞扩散期，把好秧田和本田返青关，及时消灭传病介体，对防治病毒病有较明显的效果。

调整作物布局，使稻田连片种植，避免混栽，减少桥梁田；加强肥水管理，适当增加栽插密度，都是行之有效的措施。

470. 黑尾叶蝉的防治指标如何确定？

防治指标：秧田每 0.11 平方米成虫数，早稻为 1 头，晚稻 5 头；本田返青至分蘖期，平均每丛虫数早稻为 2 头，晚稻 3 头；孕穗至抽穗期，早稻 5 头，晚稻 10 头。病毒病区的防治标准从严，凡早栽早稻平均每丛 1 头成虫，晚稻秧田平均每 0.11 平方米有成虫 2 头，晚稻本田每丛有 0.5 头成虫即需进行防治。

471. 黑尾叶蝉的化学防治方法如何？

掌握在低龄若虫期每公顷用 25％吡蚜酮可湿性粉剂 300～

375 克；或 10％吡虫啉可湿性粉剂 450～600 克，或 25％噻嗪酮可湿性粉剂 900 克左右；在成虫期每公顷用 25％吡蚜酮可湿性粉剂 300～375 克加水 900 千克喷粗雾。

472. 稻蓟马的为害特点是什么？

稻蓟马是水稻秧苗 3 叶期至分蘖期的重要害虫，以成虫和 1、2 龄若虫锉吸叶片表皮吮吸汁液，开始出现苍白色斑痕，后叶尖失水纵卷，受害重时，秧苗成片枯焦；抽穗扬花后为害颖壳的内壁和子房，形成花壳和秕粒。

寄主除水稻外，还有麦类、玉米及看麦娘、早熟禾、双穗雀稗等多种禾本科杂草。

473. 稻蓟马发生规律如何？

江淮稻区 1 年发生 10～14 代。越冬成虫翌年 3 月中、下旬当气温上升至 12℃时开始活动，先在幼嫩的禾本科杂草上产卵繁殖，4 月下旬或 5 月份田间秧苗露青后，成虫即大量侵入秧田，以后便在各种类型的秧、本田辗转为害，直至 7 月中、下旬，水稻进入圆秆拔节期，气温高于 28℃，虫口密度即迅速下降，此后由于心叶停止生长，叶片组织老化，稻蓟马多在无效分蘖上为害。晚秋水稻收割前，便转移至越冬寄主上繁殖，11 月底至 12 月初，成虫进入越冬状态。

474. 稻蓟马有哪些生活习性？

稻蓟马生活史中成虫历期长，卵和若虫历期较短，因此除初发代发生较整齐外，以后便形成严重的世代重叠。稻蓟马有孤雌生殖和有性生殖两种方式，但以孤雌生殖为主。在平均温度 24.7℃时，每个雌虫一生平均产卵 93 粒，最多达 147 粒。卵散产于叶片正面脉间组织内。产卵有趋向嫩绿稻苗和嫩心叶的习性。在秧田，秧苗露青（1 叶 1 心期）时开始着卵，3 叶期卵量激增，4、5叶期卵量最高，6叶期后卵量开始下降。卵量分布以心叶下第二片嫩叶上最多，其次为第一和第三片叶。杂交稻因生长旺盛，叶片宽厚，特别吸引稻蓟马产卵，落卵量较常规稻为高。

成虫和若虫性喜阴湿，多营隐居生活。初孵若虫多藏匿于心叶卷缝和叶腋内取食，随后分散到嫩叶上为害，导致叶尖失水纵卷。在卷叶内若虫发育至3龄即停止取食，但仍能爬行，至4龄才终止活动。一卷叶内常见很多若虫聚集在一起。成虫晴天常躲在心叶或卷叶内，阴天及早晚爬至叶面活动，行动活泼，一遇震惊，即翘起腹部振翅飞去。

475. 什么样的栽培制度有利于稻蓟马发生？

稻蓟马种群消长与水稻栽培制度的关系最为密切。南方双季稻区，早稻品种及育秧方式多样化，播种移栽期迟早不一，其他稻区和单、双季并存，早、中、晚混栽，因扩大了早稻面积，播种期提前，在适宜稻蓟马的发生季节，田间秧苗不断，为其转移为害和虫量积累创造了极为有利的食料条件，是酿成猖獗为害的主要原因。

476. 什么样的气候条件有利于稻蓟马发生？

气候条件中温度是影响稻蓟马发生轻重的关键因素。稻蓟马发育的最适温度为20～25℃，温度超过28℃，雌虫寿命、产卵量、若虫孵化率和成活率均明显降低。长江流域梅雨出现的早迟和持续时间与稻蓟马发生程度有关，因雨季气温一般稳定在22～25℃，一旦梅雨期结束，气温随即上升至28℃以上，不利其生存、繁殖，所以凡是梅雨季节长的年份，稻蓟马的为害都较重。

477. 什么样的水稻品种和苗情有利于稻蓟马发生？

从水稻品种类型看，杂交稻的受害程度比常规稻重；受害轻重还因苗情而异，在相同秧龄条件下，一类苗受害重于二类苗，二类苗又重于三类苗。

478. 稻蓟马的防治策略和防治方法如何?

防治稻蓟马目前仍以药剂防治为主。防治时应掌握以苗情为基础，虫情为依据，主攻若虫，药打盛孵的原则，但对虫量大的田块，则以在成虫盛发期防治为宜。在选用的药种方面，最好选用长效农药，如使用短效农药，必须注意连续查治。常用的农药及使用方法有：掌握在发生始盛期每公顷用48%毒死蜱乳油1 200毫升，或50%混灭威乳油1 500毫升，加水750千克喷细雾。

第三节　草　害

479. 稻田有哪些杂草？主要优势种是哪些?

稻田杂草有28种左右，包括禾本科的稗草、孔雀稗、无芒稗、千金子、马唐；阔叶类的矮茨菇（瓜皮草）、节节菜、长瓣茨菇（野茨菇）、鲤肠、鸭舌草、鸭跖草、耳叶水苋、陌上菜、空心莲子草（水花生）、半边莲、四叶萍、水蓼、水绵、槐叶萍、眼子菜；莎草科的三棱草、水莎草、异型莎草、碎米莎草、扁秆藨草、牛毛毡、日照飘拂草、野荸荠等。

稻田主要优势种杂草是稗草、矮慈姑（瓜皮草）、长瓣慈姑（野慈姑）、节节菜、鲤肠、耳叶水苋、异型莎草、碎米莎草以及旱直播稻田的千金子、马唐。

480. 为什么旱直播稻田草害重于移栽稻田?

直播稻田前期干湿交替，土表湿润，十分有利于旱生、湿生等各种杂草的萌发生长；旱直播稻从播种到封行一般需要50天左右，比移栽稻和抛秧田多20～30天，致使水稻生长前期苗小，田间生态空间大，为杂草种子萌发生长也提供了极其有利的条件。而移栽稻移栽后田间建立水层，较好地控制一些旱生及湿生杂草的发生，且稻苗生长迅速，很快封行，不利于杂草的发生。所以，生产上往往是旱直播稻田的草害重于移栽稻田。

481. 旱直播稻田杂草出草规律是什么？

旱直播稻田杂草一般有两个出草高峰，以第一个出草高峰为主，且出草量大，水稻播后 5 天杂草陆续出土，10～15 天达第一个出草高峰，杂草以稗草、千金子、马唐等禾本科杂草为主；随着田间复水后的保水条件的改变，播后 25～40 天出现第二个出草高峰，前期以矮慈姑、野慈姑、节节菜、鲤肠、耳叶水苋等阔叶杂草为主，后期以莎草科杂草为主。播后 60 天极少出草。

482. 移栽、机插秧稻田如何进行化学除草？应注意哪些环节？

移栽稻田一般掌握在栽秧后 4～5 天；机插秧、抛栽稻田一般掌握在抛栽后 5～7 天用药。每公顷用 53％苄嘧・苯噻酰 750～900 克（重草田用高量）拌过筛潮细土 300 千克均匀撒施，田间保持浅水层 4～5 天。

用药时应注意以下几点：①无露水时用药；②抛秧稻田在秧苗未直立时禁止用药；③保水是保证药效的关键，切忌断水过早，对漏水田应缓慢灌水进行保水；④在田头留好“平水缺”，防止暴雨或灌水过多淹没水稻心叶造成药害，特别是机插稻田秧苗小，切忌灌深水。

483. 旱直播稻田杂草防除的总原则是什么？

旱直播稻田杂草防除总原则是：一封、二杀、三补。“一封”是播后苗前土壤封闭处理，这是直播稻田除草最为关键的一步。应选择杀草谱广，土壤封闭效果好的除草剂来全面控制第一个出草高峰期杂草的发生。生产上宜将杂草谱不同的除草剂合理混用，以扩大杀草谱，全面防除田间各种杂草。“二杀”是防除第一次化除后仍残存的大龄杂草，兼顾对第二个出草高峰的杂草控制。根据田间草相选择相应的茎叶处理除草剂。“三补”是田间仍有一些恶性杂草发生时，采取挑治的方法扫除残草。这时草龄往往较大，用药剂量也应适当加大。

484. 旱直播稻田杂草化除如何进行“一封、二杀、三补”？

“一封”是在播种盖籽灌跑马水待其自然落干后，每公顷用42%噁草·丁草胺1 800～2 250毫升，对水900千克均匀喷雾。采用土壤封闭处理方法化除时，田面要平整、沟系要配套；水稻播种后要认真盖土，露籽田用药会伤害稻芽、影响出苗；用药时保持田面湿润无积水，喷药后不可再补水，严防造成药害，出苗后正常管水；对遇雨后田间积水的田块，不宜采用此方法化除。

“二杀”是对错过防治适期或用药后杂草仍然较重的田块，可采用苗后茎叶处理的方法进行防除。以稗草、阔叶草为主的田块，在秧苗2叶1心期，根据草龄大小每公顷用6%五氟·氰氟草油悬浮剂（稻喜）2 250～3 000毫升加水450千克均匀喷雾，或30%二氯·苄可湿性粉剂900克加水750千克均匀喷雾；以阔叶草、莎草为主的田块，在秧苗2叶1心期，每公顷用10%吡嘧磺隆300～375克，加水750千克均匀喷雾，用药前先排干田水，药后隔天上水并保持浅水层3～5天。6%五氟·氰氟草油悬浮剂（稻喜）适宜单独使用，不宜与其他农药混用；二氯·苄、吡嘧磺隆对多种蔬菜敏感，勿将稻田水流入蔬菜田；二氯·苄不可超量使用，同时禁止用弥雾机弥雾，防止产生“葱管苗”。

“三补”是在秧苗4～5叶期，以千金子或稗草为主的田块，每公顷用10%氰氟草酯（千金）乳油750～900毫升对水750～900千克均匀喷雾，用药前先排干田水，药后隔天上水并保持浅水层3～5天。使用千金时不要与其他除草剂混合使用，以免产生拮抗作用，降低药效，草龄大时应适当增加药量。

485. 什么是杂草稻？杂草稻与粳稻相比有什么特征？

杂草稻通常是指田间自生的、非人工栽培的、具有杂草特性的水稻，农民称为杂稻。杂草稻与正常水稻的主要区别是高分蘖能力、强落粒性和休眠性，其生育繁殖已脱离劳作控制范围，又称“野稻”、“杂稻”、“稆稻”、“再生稻”、“自生稻”、“红米稻”等。

杂草稻与粳稻相比主要特征表现为：苗期叶色偏淡，植株高大，分蘖力强，长势旺盛，株形松散，叶片下披，多数杂草稻叶舌、叶耳成红褐色（栽培稻为半透明白色膜质），杂草稻茎基部褐色（栽培稻为翠绿色）；成株株形松散、剑叶长而宽、叶披；稻穗谷粒排列稀、籽粒小、粒数少，成熟早、易落粒，谷粒成熟期不一致，谷壳为金黄色或浅褐色，糙米着色多为红褐色、浅褐色或棕红色，千粒重较低，产量低、品质差，米饭适口性差。

486. 采取什么措施防止稻田“杂草稻”的发生？

不同种植方式的水稻都有杂草稻的发生，以麦套稻、直播稻田杂草稻发生较重。随着连续多年连作，杂草稻将有可能发生越来越重，防止稻田杂草稻发生主要采取以下措施：①深耕灭茬，对连续直播的稻田，在秋播或播种时深耕 5～10 厘米，可有效控制杂草稻的发生和为害；②进行水旱轮作，对上年杂草稻发生比较重，没有及时拔除的田块，在茬口调整许可的情况下，与玉米、大豆、花生等旱作物轮作；③改直播稻为移栽稻或机插稻，移栽稻移栽后建立水层，及时进行化除；④及时人工拔除；⑤加强种子繁殖田的质量监控力度，狠抓去杂质量，确保田间去杂效果，严防种子带杂，严禁直播田作为种子繁殖田。

487. 近年稻田常见除草剂药害有哪些种类？

近年稻田常见除草剂药害有磺酰脲类除草剂药害、灭生性除草剂药害、酰胺类除草剂药害等其他类除草剂药害。

488. 磺酰脲类除草剂对水稻的药害是怎样形成的?

甲磺隆、绿磺隆等磺酰脲类除草剂药害是水稻上比较常见的一类除草剂药害，主要是上茬使用后，在土壤中残留造成下茬作物药害，如油菜田使用胺苯磺隆、碱性土壤麦田使用绿磺隆均可造成水稻受害。甲嘧磺隆系非耕地除草剂，药害情况均为路旁、沟渠除草后，药剂经雨水冲刷随水流入稻田所致，受害田块与自然水的流向密切相关，入水口受害重。

489. 磺酰脲类除草剂在水稻上的药害症状如何?

磺酰脲类除草剂在水稻上的药害症状一般表现为：稻苗黄化、矮缩，下部叶片自叶尖向下枯死，不分蘖或少分蘖，根系黑色坏死；秧苗移栽一周至半月左右症状明显，受害苗一般呈连片块状分布或全田分布，上季杂草茂密区、重复施药区、残药集中倾倒区受害重；粳糯稻受害重于杂交稻。磺酰脲除草剂药害最严重的可致死苗和绝收，但药害轻的在半月以后可逐步恢复生长。加强恢复苗管理可获70%～90%的产量。

490. 灭生性除草剂药害在水稻上是怎样造成的?

灭生性除草剂药害主要是草甘膦和百草枯药害，经济损失仅次于磺酰脲类药害，主要有飘移和误用而造成。飘移药害一般由田埂除草引起，多见于田边1～2行，最宽不超过喷雾器自然喷幅。误用型药害的损失远大于飘移药害，大多因草甘膦与杀虫双剂型一致、包装相似导致误用。

491. 灭生性除草剂药害在水稻上表现什么症状?

草甘膦引起的飘移药害症状为秧苗黄萎或矮化，后期植株叶色偏深，叶片短狭，分蘖小而多，心叶有扭曲畸形现象。百草枯飘移药害造成水稻叶片迅速脱水枯死或在叶片上留下均匀分布的枯死斑。误用引起的药害田间分布比较均匀，施药一周左右才有明显症状。受害水稻叶片发黄，后出现高位分蘖并产生倒生根。水稻在生育中前期受害，且程度较轻时，仍可孕穗，但剑叶短小直立，穗形也小。水稻受害迟或程度较重时，幼穗或节间分生组织褐色坏死，或稻穗不能完全抽出，空瘪粒多，颖壳褐色，损失惨重。

492. 酰胺类除草剂在什么情况下对水稻造成药害？药害表现什么症状？

乙草胺、丙草胺等酰胺类除草剂药害主要发生于秧田、直播田、抛秧田和小苗移栽田，根系较浅的移栽苗也可能发生药害。丙草胺虽加安全剂，但在未催芽播种、秧田水层管理不当、直播田低洼处积水等情况下也易造成药害，出苗率显著下降，幼芽黄化，芽尖弯曲。乙草胺是比较容易造成药害的品种。酰胺类除草剂药害症状较为一致，小苗或根系外露的秧苗遭遇药害时，叶鞘坚硬易折断，上部常愈合，心叶不能抽出或扭曲呈弯弓状，自叶鞘中部挤出，株形较矮，初期分蘖原基呈小馒头状突起，后期渐可发生正常分蘖。

493. 稻田产生“葱管苗”现象是由什么除草剂药害引起的？

稻田产生“葱管苗”现象是由二氯喹啉酸药害引起的，二氯喹啉酸用于秧田和直播田，施药半月后症状明显，也可能秧田受害，移栽至大田后才表现症状。其典型症状是秧苗叶鞘完全愈合成葱管状，叶色浓绿，其他症状类似酰胺类除草剂药害，但扭曲畸形更严重、更明显。秧苗 2.5 叶以前用药、重复喷施、过量用药易致药害，受害严重的秧苗可在移栽时剔除，受害轻者可恢复正常分蘖。

494. 稻田使用二氯喹啉酸类除草剂，怎样才能防止产生“葱管苗”现象？

①准确抓住秧苗的叶龄期，适期用药：一般直播稻田秧苗叶龄表现参差不齐，如果施药时秧苗未达到2叶1心的小苗就必然会产生药害，出现葱管苗。因此，直播稻田使用二氯喹啉酸类除草剂，用药适期要放在长满3张叶片时为宜。

②严格用药规程，不要随意加量：用药前要先排干水，让杂草整株露出，使其整株受药，用药1天后上水，使药液被杂草充分吸收，从而保证防除效果。一般每公顷用36%二氯·苄900克为宜，不提倡使用弥雾机喷药，喷药时要避免重喷。

495. 水稻除草剂药害发生原因有哪些？

按照除草剂药害事故责任分类，可将药害分为使用责任型药害、产品质量型药害、指导失误型药害、人为破坏型药害、流失污染型药害和环境影响型药害。

（1）使用责任型药害　由于使用者缺乏专业知识或疏忽大意而造成的除草剂药害，在个案数量上占第一位，有时导致个别农户稻田绝收等严重损失，但涉及面较小。如误将草甘膦当作杀虫双全田喷雾；将含有乙草胺、甲磺隆等成分的除草剂用于直播田、抛秧田，或将异丙甲草胺等酰胺类除草剂用于秧田、直播田等；除草剂用量过大、重复喷雾或管理不到位，形成水层超过秧苗心叶等容易致害条件时也可发生。

（2）产品质量型药害　是造成大面积药害的主要原因之一。最常见的有三类：①秧田、直播田等安全性要求较高的田块，当除草剂纯度不高，混杂甲磺隆、甲草胺等杂质时常发生药害；②部分企业为降低成本，同时维持产品除草活性，违法加入价格低、活性高的甲磺隆，造成僵苗、死苗事故；③以胺苯磺隆为有效成分的油菜田除草剂超过安全剂量，引起后茬水稻药害。

(3) 指导失误型药害 目前农药经营渠道多，从业人员复杂，很多农药销售人员未经过系统的专业培训，指导农户用药时易发生药害。如将扫弗特与二氯·苄类秧田除草剂使用技术混淆，要求农户用药后 24 小时建立水层，与安全用药技术恰好相反，造成药害。

(4) 人为破坏型药害 人为破坏型药害主要发生于经济效益较高的经济作物，水稻上也有类似事件发生，个案极少，仅作为诊断药害时参考。

(5) 流失污染型药害 目前仅见于甲嘧磺隆用作非耕地或沟渠除草时流失到稻田发生药害。

(6) 环境影响型药害 指温度、雨水、土质、墒情等环境因素造成的药害，较少发生，药害程度也很轻，如杀草丹在稻草还田情况下易造成矮化型药害。

496. 水稻发生除草剂药害后如何补救?

(1) 施肥补救 每公顷分别施尿素、硫酸钾等速效肥料 75 千克，可促进植株及其根系生长，比较适宜大田采用，对磺酰脲类、酰胺类药害都有效。叶面喷施腐殖酸或大量元素叶面肥是常用的有效手段，适宜各种类型田和各种药害。

(2) 喷施激素 激素可缓解药害，促进生长，一般以内源性植物激素为宜，如赤霉素、芸薹素内酯等。喷施激素要注意使用浓度，如赤霉素能刺激水稻长高，但对分蘖有抑制作用，在分蘖期使用应稀释 50 000 倍，分蘖末期以后浓度可稍高，稀释 30 000倍即可。

(3) 加强田管 磺酰脲等土壤处理类除草剂，发生药害后可放水洗田，稀释药剂，促进其淋溶和流走；淋洗后排水晾田，增强土壤微生物活动，提高土壤通气性，促进药剂降解，同时有利根系生长。草甘膦等内吸型除草剂引起的药害，如发现及时，可立即用大量清水冲洗，发现迟时则无必要。

第六章 油菜病虫草害

第一节 病 害

497. 为什么油菜后期茎秆内会有“鼠粪状”小颗粒?

油菜后期茎秆变枯白色，而且茎内出现“鼠粪状小颗粒”，是由油菜菌核病为害所造成的。茎内出现的“鼠粪状小颗粒”是油菜菌核病为害后期形成的菌核。

498. 油菜菌核病主要为害油菜哪些部位？有何症状?

油菜的叶片、叶柄、茎秆、分枝、花、角果等部位均可发生油菜菌核病，以主茎发病损失最大。通常于早春下部叶片首先见病，病斑圆形或不规则形，黄褐色或灰白色，典型病斑可见数层同心轮纹，病斑背面铁青色，田间湿度大时可见白色絮状物。茎秆和分枝病斑为梭形或长条形，淡褐色水渍状，后渐为灰白色，湿度大时病部软腐，表面生白絮状霉层，内部空心，后期可见鼠粪状菌核，干燥后表皮破裂，纤维外露如麻绳状。花瓣感病，可见油渍状褐色小点，发病角果与茎、枝病斑相似，病部灰白，表皮粗糙，有的病角果外被白色菌丝包住，形成小菌核。

499. 油菜菌核病病菌是怎样传播为害油菜的？什么条件下油菜菌核病发生重?

上年遗留在土壤、病残体中的菌核春季萌发，释放子囊孢子随气流扩散传播，为初侵染源，飘落在植株上的孢子产生菌丝，侵入衰老叶片、花瓣引起发病。一般油菜盛花期为发病始盛期，随着发病的花瓣、老叶败落至植株其他部位，常在主茎叶柄或分枝处形成病斑，或通过败叶搭接，导致茎秆或分枝发病，一般终花期前后为叶片发病高峰期和茎秆始病期。终花后茎秆发病率迅速上升。

油菜始花期至成熟期多阴雨，是病害重发的最主要因素；油菜开花早、花期长，感病期长，病害发生重；另外连作地或与十字花科留种蔬菜、莴苣等换茬病害重；偏施氮肥、排水不良、早春寒流侵袭频繁或遭受冻害等发病重。

500. 为什么油菜菌核病的防治要坚持“抓住适期、主动出击、全面用药”的防治对策？

因为油菜菌核病发生轻重主要取决于花期气候条件，是典型的气候型病害，只要油菜花期多雨高湿、日照少，病害发生就重，而且油菜菌核病现有的防治药剂皆为保护剂，只有预防作用，错过防治适期，则药效下降，因此必须坚持抓住适期，主动出击，全面用药的防治对策。

501. 油菜菌核病如何掌握防治适期？怎样防治？

油菜菌核病应掌握在油菜盛花期组织开展防治，即在主茎开花株率80％～100％、一次枝梗开花株率在50％左右时防治。由于油菜花期长达1个月左右，要达到应有的防治效果，必须坚持2次用药，即于盛花初期第一次防治结束后，隔5～7天进行第二次用药防治，确保防治效果。

由于花期油菜植株高大，田间郁闭，要加大用水量，手动喷雾每公顷用水量不得少于900千克，植株全面喷透，尽量向油菜茎秆中下部喷药，尽量采用弥雾机和低容量喷雾方法，提高防治效果；如花期遇连阴雨，要发动群众抢晴天争雨隙开展防治，用药后如遇降雨，及时进行补治；大力推广高效药剂品种，如每公顷用22％增效多菌灵（油丰）2 250克，或40％菌核净可湿性粉剂1 500～2 250克，或40％多·福1 500克，或50％福·菌核

1 500克，加水 900 千克喷雾或加水 450 千克弥雾。

502. 油菜菌核病有哪些农业防治措施?

尽管在油菜花期用药 2 次能取得较好的防治效果，但也不能忽视农业措施在防治中的作用，尤其是大面积种植的油菜均为感病品种的情况下，通过采取农业措施，可以减轻病害发生，提高防治效果。

①合理施肥。重施基肥和苗肥，早施薹肥，氮、磷、钾肥配合施用，增施硼、锰、锌、钼等微量元素肥，使油菜苗健壮、薹期稳长、花期茎秆坚硬，不易倒伏。一般每公顷施纯氮不超过 225 千克，按底肥 50%、苗肥 30%、薹肥 20%的比例施用，磷钾硼肥一次性作底肥施入。不施混有菌核而又未经充分腐熟的肥料。

②遇雨及时开沟排水降渍，做到雨止田干，减少渍害，提高油菜抗病能力。

③及时清除油菜基部老叶、黄叶和病叶，以切断油菜菌核病传播桥梁，改善植株间通风透光条件，降低田间湿度。

503. 油菜霜霉病的症状及为害怎样?

油菜霜霉病俗称龙头病，长江流域发生普遍。流行年份病株率 10%～50%，产量损失超过 20%，降低菜籽产量和出油率。油菜自苗期至开花结荚期均可发生，主要为害叶、茎、花和角果。叶片发病初期叶片上出现淡黄色斑点，后扩大成黄褐色不规则大斑，湿度大时，叶背病斑上出现白色霜状霉层。茎薹、分枝发病初生褪绿斑点，后扩大成不规则形黄褐色至黑褐色病斑，上生霜状霉层。花梗受害后有时出现肿大、弯曲呈“龙头”状，花器变绿肿大，也出现霉层，干枯不实。

504. 怎样根据油菜霜霉病的发生规律进行防治?

油菜霜霉病是一种低温高湿型病害，春季 4～5 月温度回升至10～20℃遇多雨潮湿天气，易流行。偏施氮肥、地势低洼、排水不良、田间郁闭、连作地发病重。因此，3月早春始病期和油菜抽薹至初花期，病株率达10%以上时就应用药防治。每公顷用70%代森锰锌1 500克，或66.5%霜霉威（普力克）水剂750～1 125毫升；或58%甲霜灵锰锌（瑞毒霉锰锌）2 250～2 625克；或64%恶霜锰锌（杀毒矾）可湿性剂粉剂1 800～2 250克等喷雾防治；嘧菌酯（阿米西达）、醚菌酯等药剂也有较好的效果。

505. 油菜花而不实的原因是什么？怎样防治？

油菜花而不实病是甘蓝型油菜因缺硼而引起的非侵染性病害，在江苏等局部地区有发生，对生产的为害也较大。严重缺硼时，油菜从苗期至抽薹期均可发病，病株萎缩死亡。中轻度缺硼时，植株在花期出现症状，荚果不实。病田一般减产20%～30%，严重的可失收。此病的防治，主要是补充土壤的硼元素。主要措施有：

①根据当地土壤缺硼的实际情况，在苗床和本田喷施硼砂或硼酸1～2次。苗床每公顷可用硼砂1 500克（或硼酸750克）加水600～750千克喷施。或在移植时用0.1%硼砂液（即1 000倍液）沾根。本田在苗期和抽薹期，分别用硼砂1 500克（或硼酸750克）加水750～900千克喷施。此外，每公顷用750千克以上的草木灰作底肥，亦可减轻发病。

②深耕改土，增施有机肥，避免偏施氮肥。

③防止油菜田受旱或受渍，保持土壤为湿润状态。

506. 油菜发生病毒病后表现什么症状？

发病株一般矮化、畸形，薹茎缩短，花果丛生，角果短小扭曲，上有小黑斑，有时似鸡爪状。甘蓝型油菜苗期叶片症状有黄斑、枯斑和花叶3种类型，成株期茎秆上有条斑、轮纹斑和点状枯斑3种类型。白菜型和芥菜型症状苗期为花叶和叶片皱缩，后期植株矮化，茎和果轴短缩，角果畸形。

507. 油菜病毒病在什么情况下发生?

油菜病毒病主要由蚜虫传毒所致。其发生程度主要取决于油菜易感病生育期（子叶期至6片真叶期）传毒蚜虫数量、气候条件等因素。油菜苗期，有翅蚜数量大，月平均气温15～20℃，相对湿度小于77%，发生重，苗床或油菜直播田位于蔬菜田附近或前茬为蔬菜的田块发病重。白菜型发病重。

第二节　虫　害

508. 油菜蚜虫的为害特点是什么?

油菜蚜虫的成若蚜均以刺吸式口器吸食油菜汁液。由于菜蚜繁殖速度快，且多为无翅蚜，往往成百上千密集于心叶或叶背，造成油菜营养不良，幼嫩叶片经常发生卷曲，叶面绿色不匀或发黄，严重时叶片严重失水。蚜虫除吸食油菜汁液外，有翅成蚜还是传播病毒病的重要媒介。

509. 油菜蚜虫的生活习性是什么?

油菜蚜虫以无翅胎生雌蚜在十字花科蔬菜、油菜、菠菜及杂草上越冬。每年发生20多代，在田间种群密度较大，拥挤度上升到一定程度时，蚜群中出现有翅若蚜，随后发生有翅成蚜迁飞。

510. 温湿度对油菜蚜虫的发生量有何影响?

气温对油菜蚜虫的影响主要表现在种群数量的影响及生存环境的影响，盛夏高温不利于蚜虫越夏，盛夏高温持续时间长，秋季蚜虫发生基数少，油菜苗期病毒病发生轻。“凉夏”年秋季蚜虫发生数量大，病毒病重；秋季降雨量大，雨日多，不利于蚜虫的繁殖和有翅蚜迁飞。

511. 怎样对油菜蚜虫进行防治？

（1）农业防治 苗床保持湿润，干旱季节及时灌水，清除杂草，保护利用瓢虫、草蛉、蜘蛛等天敌。

（2）化学防治 苗期、薹期百株蚜量分别达到1 000头、3 000头时，适时进行药剂防治。每公顷用50％抗蚜威可湿性粉剂300克，或2.5％三氟氯氰菊酯（功夫）乳油300毫升，或10％吡虫啉可湿性粉剂300克，或2.5％高效氯氰菊酯乳油375克，或3％啶虫脒乳油600～750毫升，加水600～750千克常规喷雾。苗期喷药量酌减，喷药时要注意喷及叶背及心叶，花荚期需上部喷药。

第三节 草 害

512. 油菜田杂草有哪些种类？主要优势种是哪些？

油菜田杂草有看麦娘、硬草、早熟禾、棒头草、繁缕、猪殃殃、婆婆纳、卷耳、荠菜、大巢菜、通泉草、毛茛、臭荠、小飞蓬、刺儿菜、泽漆、蒲公英等。主要优势种杂草有繁缕、猪殃殃、大巢菜、荠菜、棒头草、早熟禾、硬草、看麦娘等。

513. 移栽油菜田在移栽前如何采用土壤处理剂进行化学除草？

移栽油菜在整地后油菜移栽前可采用土壤封闭方法化除，每公顷用50％乙草胺1 500毫升或72％异丙甲草胺（都尔）1 500～2 250毫升，对水750千克均匀喷雾。注意保持土壤湿度，以利于药效发挥，使用乙草胺的田块必须及早开好沟系，以防止因积水引起药害。

514. 移栽油菜田如何采用茎叶处理剂进行化学除草?

防除禾本科杂草，于杂草出齐后 2～4 叶期（11 月下旬)，每公顷用 10.8%高效吡氟氯草灵（高效盖草能）750 毫升或 5%高效吡氟氯草灵 1 125 毫升，对水 600 千克均匀喷雾；防除阔叶杂草，于油菜移栽返青后，杂草生长旺盛期，每公顷用 30%草除灵（好实多）750～900 毫升，对水 600 千克均匀喷雾。注意：白菜型、芥菜型油菜不得使用好实多、油草除，以防止药害。

第七章　花生病虫草害

第一节　病　　害

515. 花生死棵是由什么病害引起的?

近几年来，随着种植结构的调整和花生种植面积的不断扩大，花生死棵问题越来越重。一般田块死棵率达 20%，严重田块死棵率达 30%～50%，甚至 70%以上，已成为花生生产上的一大障碍因素。花生死棵主要是由花生青枯病、花生茎腐病、花生根腐病、花生黑腐病引起的。

516. 花生青枯病的发生特点是什么？如何防治?

该病是一种土传细菌性病害，在花生的整个生育期都能发生，花期达到发病高峰。病株最初表现萎蔫，通常是主茎顶梢第一、二片叶首先表现症状，1～2 天后，全株叶片从上至下急剧凋萎，叶色暗淡，呈绿色，故称“青枯”。7 月份暴雨后骤晴的天气最易发生。一般死棵率高达 10%～20%，严重田块死棵率达 50%以上。该病发生在花期和结果初期，病株失水状萎蔫，3～4 天后死亡。

花生青枯病的防治应在选用抗病品种、实行轮作、加强栽培管理的基础上，科学进行药剂防治。田间初见病叶或病株时用药，最好在花前用药 1 次。首选 20%噻菌茂（青枯灵）可湿性粉剂，每公顷用 1 500 克加水 900 千克喷灌根部。若遇连阴雨，发病快又无法灌药时，每公顷用 20%噻菌茂可湿性粉剂 4 500～7 500 克加 50%福美双 12 000～15 000 克，拌 750 千克过筛细土后，撒于花生丛中。

517. 什么是花生倒秧病？怎样防治？

花生倒秧病是花生茎腐病的俗称，是一种暴发性病害。苗期病菌先侵染子叶，使其腐烂，然后侵染根颈或近地面的茎基部。病斑初期为黄褐色水渍状，后期为黑褐色，环茎一周，引起组织软腐，地上部萎蔫枯死。6 月中下旬为该病发生高峰期。一般病棵率为 5%～10%，重者高达 30%～40%，甚至 60%～70%，造成大量死棵，对花生生产威胁极大。

防治花生倒秧病采取以下方法：

①防止种子发霉：播前晒种。

②合理轮作倒茬，避免重茬耕作。

③药剂防治：用 50%多菌灵可湿性粉剂按种子量的 0.5%拌种。或在苗期于齐苗后每公顷用 50%多菌灵 1 125～1 500 克加水 1 125 千克对棵喷粗雾，在开花前再用一次药。

518. 何谓花生根腐病？有哪些防治方法？

花生根腐病俗称芽涝、烂根病，在花生整个生育期均可发病。感病植株矮小。叶片自下而上依次变黄，干枯脱落，甚至整株死亡。其主根外皮变黑腐烂，形似鼠尾。该病主要靠雨水和田间农事操作传播。苗期田间积水、地温低或播种过早、过深，均可引发该病。发病田块死棵率达 10%左右，重者可达 40%～70%，甚至绝收。防治方法：

①整地改土，增施肥料，防涝排水，合理轮作，加强田间管理。

②药剂防治与倒秧病防治方法相同。

519. 花生叶片上为什么会出现黄褐色或铁锈色病斑？

花生叶片上出现黄褐色或铁锈色大小不等的圆形或不规则形

病斑，是由花生叶斑病引起的。主要有黑斑、褐斑病，一般在花生生长中后期开始发病，但发病高峰均在收获前半个月，叶片、叶柄、托叶和茎秆均可受害，花生生长后期如遇多雨潮湿，则发病程度较重。

褐斑病在苗期即可发病，发病初期在叶片上形成黄褐色或铁锈色针头大小的病斑，以后逐渐扩大，形成直径4～10毫米大小不等的圆形或不规则形病斑，叶片正面病斑表面生灰色，背面褐色或淡褐色，周围有黄色晕圈，后期病斑表面生灰色霉层。发生严重时，病斑汇合成大斑块，引起叶片干枯脱落。叶柄和茎上病斑长椭圆形，暗褐色，稍凹陷。

黑斑病叶片发病均由上而下，发病稍晚，一般进入花期以后开始发生，发病初期叶片症状与褐斑病难以区别。到后期病斑多为圆形，直径比褐斑病小，一般1～8毫米，呈黑褐色，叶片正面反面颜色基本一致，病斑边缘无黄色晕圈或不明显。老斑背面有许多小黑点，排列成同心轮纹，在潮湿情况下，产生灰褐色霉状物。发病严重时，病斑密集汇合，引起叶片皱缩，枯死脱落。叶柄和茎上病斑长圆形、黑色。

520. 采取哪些措施控制花生叶斑病的发生？

①清除田间病残体，及时耕翻整地，播前清除田间花生秸秆；使用有病株沤制的粪肥时，要使其充分腐熟后再用，以减少病源。

②采取2年以上轮作；合理密植，科学施肥，采取有效措施，使植株生长健壮，增强抗病能力。

③选用抗病品种。

④药物防治：在发病初期，田间病叶率达到10％～15％时，每公顷用25％多菌灵1 500～1 875克，或75％百菌清可湿粉剂1 500～1 875克，重病年份隔10～15天再用一次药。

521. 如何识别花生锈病?

花生锈病是一种暴发性的流行性病害，病菌主要侵染叶片、叶柄、托叶、茎、果柄，有时也能使荚果感病。发病初期，植株叶背长出针头大小的疹状白斑，与白斑对称的叶面呈现黄色小点，以后叶背病斑变淡黄色，圆形，随着病斑扩大，突起呈黄褐色，表皮破裂，露出铁锈色的粉末，病斑四周出现不明显的黄晕圈。

522. 花生锈病如何防治?

①加强栽培管理：施足基肥，增施磷、钾肥，不偏施氮肥，以防花生徒长。整好排水沟，及时排出积水。

②选种抗病、耐病品种。

③药剂防治：发病初期每公顷用 20%三唑酮（粉锈宁）乳油 525 克，或 5%烯唑醇可湿性粉剂 1 350 毫克，加水 900 千克均匀喷细雾。重病年份隔 10 天左右要再用一次药。

第二节　虫　　害

523. 为害花生的地下害虫是什么？主要分布在哪些地方?

为害花生的地下害虫主要是金龟子的幼虫（蛴螬）。主要分布于河北、河南、山西、陕西、山东、内蒙古自治区、甘肃、青海及江苏、安徽的北部等地。在江苏发生的金龟子主要有华北大黑金龟子、暗黑金龟子和铜绿金龟子三种。

524. 华北大黑金龟子的发生规律是什么?

华北大黑金龟子一年半至两年发生 1 代，全代历期平均 695 天。成虫、幼虫混合越冬，以成虫越冬为主的年份称为大年，当年发生为害重。成虫4月下旬开始出土，暖春年份4月中旬前后出土，常年4月下旬始见，5月上旬出现第一高峰，5月中旬出现第二高峰，7月中旬以后少见。产卵盛期6月上中旬，高峰期6月上旬末至中旬初，孵化盛期6月下旬末。幼虫为害盛期在7月下旬至10月中旬，10月底3龄幼虫向深土层移动，进入越冬，入土深度11～34厘米，翌年4月上旬越冬幼虫上升为害麦苗和春播作物，6月中旬进入预蛹期，6月下旬开始化蛹，7月中旬成虫羽化，到10月上旬羽化结束，但仍潜伏于蛹室中越冬。

525. 华北大黑金龟子的为害特点是什么？

成虫出土取食果树、榆树、杨树、豆类等作物的叶片，常造成部分地方果树的叶片被取食光。幼虫（蛴螬）取食作物地下部分的幼根、块根、块茎、荚果、花生的果针及幼果等，前期形成的果针和幼果最易被取食，花生荚果可以被吃成空壳，产量损失较大，严重时甚至绝收。

526. 华北大黑金龟子的生活习性是什么？

成虫傍晚出土活动，20～21时活动最盛，22时后逐渐减少，趋光性、飞翔力弱，活动范围一般不出虫源地。成虫白天和晚上均产卵，以晚上为主，卵散产于卵室内，产卵深度多为10～15厘米，地面可见产卵孔。成虫有假死性，幼虫有自残性。成虫在10厘米地温13～16℃时出土，地温25℃时为活动盛期。

幼虫春季10厘米地温上升到5℃时开始活动，13～18℃时最适宜。当秋季地温低于10℃时下移，5℃时越冬。土壤湿度18％左右为宜，过低或过高均会引起幼虫的迁移，土壤湿度5％时卵不能孵化，初孵幼虫不能成活，卵孵高峰期持续降雨土壤水分饱和，也会降低孵化率。成虫取食汁多鲜嫩的食物如菜叶、玉米苗、幼嫩的果树叶等产卵量增多。成虫产卵有趋向粪肥的习性。

527. 暗黑金龟子的发生规律是什么？

一年发生1代，全代历期364天左右。以老熟幼虫在15～40厘米处土室中越冬，4月下旬至5月初开始化蛹，5月上中旬为化蛹盛期，5月下旬至6月上旬开始羽化，羽化盛期为6月上中旬，蛰伏期15天左右。6月上旬开始出土，出土盛期为6月下旬至7月中下旬，6月底至7月上中旬为出土高峰期，8月下旬渐少，9月下旬绝迹。产卵盛期在7月上中旬，卵盛末期7月中旬末至8月初。

528. 暗黑金龟子的为害特点是什么？

成虫有群居取食的习性，常造成部分地方的树叶被取食光。蛴螬取食地下部分的幼根、块根、块茎、荚果、花生的幼果等，花生荚果可以被吃成空壳，低龄幼虫在荚果成熟时常常仅造成果壳被害。

529. 暗黑金龟子的生活习性是什么？

成虫昼伏夜出，晚上8时～8时30分出土，飞翔力强。成虫有隔日出土的习性，成虫出土后先飞到灌木或作物上取食，再飞到2～3米高的榆、杨树大量取食、交尾，约半小时后飞往高树上取食直到天明前入土。成虫有假死性，数分钟恢复。

成虫以白天产卵为主并有隔日产卵的习性。产卵前期为23天，卵散产，卵历期为9天左右，卵孵化率在90%以上。蛹期18天左右。

530. 铜绿金龟子的发生规律是什么？

在江苏省一年发生1代，以幼虫越冬。来年3月下旬至4月上旬上升活动为害，4月下旬开始进入预蛹期，5～6月间化蛹，盛期为5月下旬；成虫5月下旬始见，6月中旬盛发，8月上旬终见；卵期为6月中旬至8月中旬，产卵盛期为6月下旬至7月上旬；卵盛孵期为7月上旬至7月中旬，8月下旬大部分幼虫达3龄，10月下旬后开始向土壤深层迁移越冬。

531. 铜绿金龟子的为害特点是什么？

成虫一般喜食榆树叶、杨树叶和山楂树叶，常群集一起取食，为害严重时树木叶片常被吃光。幼虫食性杂，喜食脂肪和蛋白质丰富的食物，主要为害作物的地下部分根、茎和花生的果实，啃食花生果实后，造成空壳，大幅度减产，甚至绝收。

532. 铜绿金龟子的生活习性是什么？

成虫适宜活动的气温为25℃，低温和雨天很少活动，以闷热的夜晚发生量多，活动最盛。成虫羽化后3天出土，发生期较整齐，高峰期明显集中。黄昏出土后多群集在杨、柳、梨等树上先交配后取食，后半夜虫量渐减，黎明时分潜回土中。成虫具有假死性。成虫的飞翔能力和趋光性强，上灯雌虫多于雄虫。

幼虫在7～8月以1～2龄为主，食量较小，为害较轻；9月多为3龄，食量大，为害重；越冬后次年春季幼虫继续为害，幼虫老熟后，在土下20～30厘米深处作土室化蛹。

533. 怎样对金龟子进行物理和生物防治？

物理防治：利用频振式杀虫灯，每2～3公顷花生田设1盏灯，成虫出土盛期，一个晚上可诱杀千头左右。

生物防治：用布氏白僵菌在花生播种时施入播种沟内，每公顷用量为15千克。用苏云金杆菌8号粉拌种，在成虫产卵盛期6～7月施入土中。

534. 土壤湿度对金龟子幼虫（蛴螬）的发生量有何影响？

土壤湿度对蛴螬的发生量影响很大。据资料分析，7月15～

25 日雨量及强度与当年发生量有较大关系，雨量少于 100 毫米，土壤水分适宜，蛴螬发生严重，雨量超过 100 毫米，土壤含水量增加，幼虫死亡率高，发生为害轻。当土壤湿度低于 5%时卵不能孵化，初孵幼虫不能成活，土壤水分饱和条件下，四级卵经 48 小时后死亡率为 85%，初孵幼虫为 100%。当金龟子进入出土时段以后，出土量与降雨有直接关系，雨后出土量大、出土率高。

535. 防治蛴螬的农业措施有哪些？

①水旱轮作：与水稻实行隔年轮作，可直接消灭蛴螬，减少虫源田及田间虫量；②冬深耕、精耕细作：当蛴螬越冬后，进行 30 厘米的深耕，把越冬虫翻上地表，精耕细作造成机械杀虫，减少部分虫量。

536. 怎样对花生田蛴螬进行化学防治？

防治适期：卵孵化盛末期，大发生年份隔 10 天左右再防治一次。

防治指标：每公顷虫量 22 500 头以上。

防治方法：每公顷用 50%辛硫磷乳油 6 000 毫升或 48%毒死蜱乳油 3 750 毫升，加水 22 500～30 000 千克对棵点浇。甲基异柳磷等农药由于毒性高、防效差，应杜绝使用。

第三节 草 害

537. 花生田杂草有哪些种类？主要优势种杂草是哪几种？

花生田杂草有 20 种左右。其中禾本科：牛筋草、马唐、狗尾草、千金子、旱稗；莎草科：香附子、碎米莎草；蓼科：扁蓄；藜科：小藜、灰绿藜；苋科：刺苋菜；马齿苋科：马齿苋；

石竹科：繁缕；十字花科：荠菜；大戟科：地锦、铁苋菜。主要优势种杂草是：狗尾草、牛筋草、千金子、马唐、刺苋菜。

538. 地膜覆盖（露地）花生如何在播后芽前进行杂草化除？

地膜花生田在播后芽前化除时选择除草剂品种应尽量选用受土壤墒情和温度影响较小的品种，以保证药效。药量选择上应尽量降低用药量。具体防治方法是：在播种后覆膜前（露地花生在播种后出苗前）每公顷用33%二甲戊乐灵（施田补）乳油1 500～2 250毫升或72%异丙甲草胺（都尔）乳油2 250毫升加水900千克均匀喷雾。

539. 麦套花生田杂草发生特点是什么？

麦套花生田杂草发生特点表现为：出草较迟、出草期长，有两个明显的出草高峰，以第一高峰为主峰。出草较迟：由于麦套花生在麦收前15天左右套塍穴播，麦收前田间有一定的荫蔽，不利于杂草的出苗和生长，一般在花生播种后23天左右开始出苗。出草期长：一般出草期长达50天左右。出草高峰：禾本科杂草的第一出草高峰一般在麦离田后15天左右，第二出草高峰期在麦离田后30天左右；阔叶杂草第一出草高峰一般在麦离田后15～20天，第二出草高峰在麦离田后25天左右；莎草科杂草出草量少，出草高峰不明显。

540. 麦套花生田一般在什么时候防除杂草？具体防治方法如何？

麦套花生田不可能采用土壤处理剂在播后芽前使用，只有采用茎叶处理剂在花生生长期防除禾本科杂草，一般掌握在禾本科杂草出齐后的3～4叶期用药，每公顷用10.8%高效吡氟氯草灵（高效盖草能）600～750毫升或35%吡氟禾草灵（稳杀得）750～900毫升加水2 175千克均匀喷细雾。

附录

江苏丰山集团有限公司简介

江苏丰山集团有限公司是国家大型农药生产企业，江苏省高新技术企业。公司始建于 1988 年 9 月，经过 20 年奋斗，目前拥有两大工业园区和 6 家子公司，资产总额 6 亿元，净资产 4.58 亿元。2001 年被农业部列为全国农药行业 20 强骨干企业。

集团公司坚持质量第一，通过了 ISO 9001：2000、ISO 14001：2004和 OHSMS 认证。公司装备先进的技术中心、检测中心、信息中心和电子化管理系统，拥有多个高新技术产品和名牌产品。“丰山”商标为“中国驰名商标”。

丰山商道，诚赢天下。江苏丰山集团有限公司视市场为生命，运用各种现代化的营销手段和诚实守信的营销理念，使“丰山农药”覆盖国内 31 个省、自治区、直辖市。拥有自营进出口经营权，产品远销世界各国和地区。其中精喹禾灵原药世界第一，氟乐灵亚洲第一，烟嘧磺隆国内第一。

集团公司创始人殷凤山董事长先后荣获“全国优秀乡镇企业厂长（经理、董事长）”、“江苏省第八届优秀企业家”、“江苏省第七届优秀企业经营管理者”、“江苏省市场销售先进工作者”、“江苏省九五优秀乡镇企业家”、“江苏省劳动模范”等称号，并被推选为江苏省第十一届人大代表。

江苏东宝农药化工有限公司简介

江苏东宝农药化工有限公司创建于 1988 年，是国家中型企业、国家高新技术企业、江苏省农业科技型企业、江苏省星火龙头企业、江苏省民营科技企业、江苏省“重合同、守信用”企业、“AAA”级信用企业。公司占地面积 50 000 平方米，年农药生产能力达 10 000 余吨。目前，公司产品结构已形成农药原药和农药制剂两大系列 100 多个产品，产品销往全国 30 个省、自治区、直辖市，拥有自营进出口权，“东宝”商标为江苏省著名商标，有五个产品被列为江苏省名牌产品。

公司积极贯彻落实“科技是第一生产力”的发展精神，不断寻求强有力的技术后盾和企业自有科技人才的培养，先后与江苏里下河地区农业科学研究所、南京农业大学、全国植物保护总站、扬州大学、中国水稻研究所形成科研生产一体化，使企业的新品开发、工艺改造、技术升级等工作有了强有力的技术保障和人才基础。公司先后有 18 个新产品被列为国家级、省级科技计划项目，并获得各级政府的科技进步奖。

公司生产设备先进，检测手段齐全，已全部实现农药生产加工的机械化、自动化和现代化。同时公司拥有质量检测仪器设备一百多台套，液谱、气谱等重要检测工具也一应俱全，使产品质量检测有了强有力的保证。先后通过 ISO 9001 质量体系认证、ISO 14001 环境体系认证和职业健康安全管理体系认证。

公司在多年的经营历程中，以信誉为本，重售后服务，以诚待人，客户至上，广泛开展与农药界、植保界和其他相关行业专家、朋友的合作与交流，并愿意继续努力，真诚合作，共同开创我国农用化学事业的美好明天。

溧阳中南化工有限公司简介

溧阳中南化工有限公司是国家农药定点生产企业，通过ISO9001：2008质量体系、ISO14001：2004环境管理体系认证，重合同、守信用AAA级企业。公司技术力量雄厚，生产工艺先进，检测设备精良，长期以来与农业科研院所、农技推广部门合作，奉行“科技创新、质量第一、用户至上”的经营宗旨。自主创新研制成功高效表面活性剂9708，运用于生物仿生农药，开发出一系列高效、低毒、低残留的环保型杀虫、杀菌剂。热销品种有：6%井冈·蛇床素可湿性粉剂、20%甲维·毒死蜱可湿性粉剂、40%井冈·蜡芽菌可湿性粉剂、5%井冈A·10亿/毫升蜡芽水剂等。即将上市品种：30%甲维·毒死蜱、60%甲维·杀虫单、12%苯甲·井冈可湿性粉剂。

质量铸就品牌，品牌赢得市场，中南人将一如既往地遵循“诚信服务，商、企、农三赢”的原则，让经营者富，让使用者丰收。

主要参考文献

刁春友 . 2005. 水稻条纹叶枯病防治 100 问［M］. 南京：江苏科学技术出版社 .

刁春友，朱叶芹 . 2006. 农作物主要病虫害预测预报与防治［M］. 南京：江苏科学技术出版社 .

侯建文，朱叶芹 . 2009. 园艺植物保护学［M］. 北京：中国农业出版社 .

黄建中 . 1996. 杂草学［M］. 北京：中国农业科技出版社 .

黄世文 . 2010. 水稻主要病虫害防控关键技术解析［M］. 北京：金盾出版社 .

梁桂梅 . 2010. 农民安全科学使用农药必读［M］. 2 版 . 北京：化学工业出版社 .

南京农业大学等 . 1991. 农业昆虫学［M］. 南京：江苏科学技术出版社 .

农业部农药检定所 . 1993. 农药安全实用指南［M］. 北京：中国农业出版社 .

全国农业技术推广服务中心 . 2004. 水稻病虫防治分册［M］. 北京：中国农业出版社 .

全国农业技术推广服务中心 . 2004. 小麦病虫防治分册［M］. 北京：中国农业出版社 .

全国农业技术推广服务中心 . 2009. 高毒农药替代产品及使用技术指南［M］. 北京：中国农业出版社 .

王永龙，张喜武 . 2009. 土与肥科普释疑［M］. 北京：中国科学技术出版社 .

魏鸿钧等 . 1989. 中国地下害虫［M］. 上海：上海科学技术出版社 .

中国农业科学院植物保护研究所 . 1979. 中国农作物病虫害（上册）［M］. 2 版 . 北京：中国农业出版社 .

图书在版编目（CIP）数据

主要农作物病虫草害防治技术答疑 / 任寿美，徐优良，殷平主编．—北京：中国农业出版社，2011.4

ISBN 978-7-109-15586-2

Ⅰ．①主… Ⅱ．①任… ②徐… ③殷… Ⅲ．①作物-病虫害防治②作物-除草 Ⅳ．①S43②S45

中国版本图书馆 CIP 数据核字（2011）第 057663 号

中国农业出版社出版

（北京市朝阳区农展馆北路 2 号）

（邮政编码 100125）

策划编辑 张 利

文字编辑 廖 宁

北京通州皇家印刷厂印刷 新华书店北京发行所发行

2011 年 4 月第 1 版 2011 年 4 月北京第 1 次印刷

开本：850mm×1168mm 1/32 印张：7.875 插页：1

字数：178 千字

定价：22.00 元